特高压交流继电保护技术

主　编　王　涛
副主编　高湛军　裴愉涛　陈　昊
　　　　潘志远　张　嵩　韩　冬

中国电力出版社
CHINA ELECTRIC POWER PRESS

内 容 提 要

本书主要介绍了 1000kV 特高压交流工程的继电保护技术与应用。本书主要内容包括特高压电网的系统特性、不对称故障的分析计算、特高压交流变压器保护技术与调试方法、串联补偿保护控制技术与调试方法、特高压线路保护调试方法、母线与断路器保护调试方法等。

本书内容理论联系实际，既可供从事电力系统运维检修和管理的相关人员使用，也可供高等院校师生阅读参考。

图书在版编目（CIP）数据

特高压交流继电保护技术/王涛主编；国网技术学院组编 .—北京：中国电力出版社，2025.5

ISBN 978-7-5198-4179-9

Ⅰ.①特… Ⅱ.①王… ②国… Ⅲ.①特高压输电-交流输电-继电保护 Ⅳ.①TM726.1

中国国家版本馆 CIP 数据核字（2024）第 103792 号

出版发行：中国电力出版社
地　　址：北京市东城区北京站西街 19 号（邮政编码 100005）
网　　址：http：//www.cepp.sgcc.com.cn
责任编辑：周秋慧（010-63412627）
责任校对：黄　蓓　马　宁
装帧设计：赵丽媛
责任印制：石　雷

印　　刷：廊坊市文峰档案印务有限公司
版　　次：2025 年 5 月第一版
印　　次：2025 年 5 月北京第一次印刷
开　　本：710 毫米×1000 毫米　16 开本
印　　张：15.25
字　　数：274 千字
定　　价：76.00 元

编 委 会

前 言

　　1000kV 特高压交流工程是世界交流输电技术的高峰，在我国远距离、大容量输电工程中发挥了重要应用，已经取得了成熟的应用经验。继电保护是输电线路及变电工程运行的重要保障，属于我国电网三道防线中的第一道防线。

　　本书针对 1000kV 特高压交流典型工程，基于特高压交流电网的系统特性，研究分析了不对称故障的计算方法，为继电保护整定计算奠定基础。通过研究主变压器、调压补偿变压器的结构特点以及其对保护的影响，阐明了主变压器、补偿变压器保护的配置和调试方法。研究串联补偿保护与控制的原理、技术，规范串联补偿保护的调试方法并对现场应用出现的问题进行了分析。编制特高压线路保护、母线保护、断路器保护的实训作业指导书，对现场继电保护运维检修的项目、标准进行了规范。本书贴合现场特高压继电保护运检需求，为促进特高压电网安全稳定运行夯实基础。

　　本书由王涛主编，马小然负责统稿及校核工作。第一章、第二章由高湛军、陈昊等编写，介绍了特高压交流电网的系统特性、不对称故障的分析计算；第三章由王涛、潘志远、林桂华等编写，介绍了特高压主变压器、调压补偿变压器的特点、保护配置与要求；第四章、第六章由张嵩、韩冬等编写，第五章由王涛、董海涛、刘传永等编写，介绍了串联补偿保护的原理、控制技术与调试方法；第七章由王玉莹等编写，介绍了特高压线路保护的调试方法；第八章由裘愉涛、崔梅英等编写，介绍了特高压母线保护、断路器保护的调试方法。在本书的编写过程中，参考了有关资料、文献，在此对资料和文献的作者表示感谢。

　　由于编者水平有限，书中难免出现一些不当和遗漏之处，恳请各位专家和读者提出宝贵意见，帮助我们修改完善。

编者

2025 年 5 月

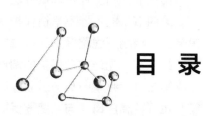

目 录

第一章

特高压电网的系统特性

第一节　特高压输电线路参数特性

本节主要讲述了三相交流对称系统的定义、相量分量法、对称分量法和标幺值、电压级的归算等内容，对基本电气量进行详细介绍。

输电线路的基本电气参数是电阻（R）、电抗（X）、电纳（B）和电导（G）。它们决定了输电线路和电网的特性。对于超高压、特高压输电线路来说，电阻主要影响线路的功率损耗。电导代表绝缘子的泄漏电阻和电晕损失，也要影响功率损耗。泄漏和电晕功率损耗与电阻功率损耗相比，通常要小得多，一般在稳态分析时，可忽略不计。

超高压、特高压输电线路的电感是决定电网潮流，即有功和无功分布的主要因素，影响输电线路的电压降落和电力系统的稳定性能。

超高压、特高压输电线路的线间电容和线对地电容与电容器板间建立的电容是类似的。线路电容在交流电压作用下使线路产生交流充电和放电电流，称为电容电流。输电线的电容电流不仅影响输电线路的电压降落，而且也影响输电效率和电力系统的有功和无功分布。

一、单位长度线路参数

特高压输电线路与其他输电线路一样，在进行电力系统分析时，用串联的电阻 R 和电抗 X，以及并联的电纳 B 和电导 G 进行模拟。线路阻抗 $Z=R+jX$，线路导纳 $Y=G+jB$。由于输电线路三相参数完全相同，且三相对称，通常用输电线路的一相参数来描述输电线的电压、电流等之间的关系。正常运行方式下，输电线路无论按分布参数，还是按集中参数考虑，可用 Ⅱ

形网络和 T 形网络等值。在电力系统分析时，一般用Ⅱ形网络，代表单位长度输电线路或整个输电线路的阻抗和导纳及其电压和电流关系。Ⅱ形等值电路如图 1-1 所示。

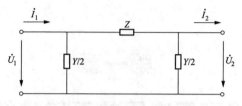

图 1-1　输电线路的Ⅱ形等值电路

交流电流通过导线，其电流密度由导线中心向导线表层逐渐增加，称为交流电流的集肤效应。为了使电流在导线内尽可能均匀分布，充分利用导线截面，降低线路电阻，为了减少电晕对环境的影响，在超高压、特高压输电线路中不采用大截面实心导线，而用数根小截面的子导线，彼此用绝缘支架分隔开且捆绑成导线束，构成一相导线，称为分裂导线。

（一）单位长度对称分裂导线的电抗

电流通过输电线路将在其周围产生磁场。根据电磁感应定律，输电线路闭合环路的磁场与线路电流和电压的关系就是电感或电抗。电感的大小由导线本身的几何尺寸和结构、导线间的距离和空间的磁导率决定。

1. 两平行输电线路的电感

为了计算三相输电线路的电感，首先研究两条平行线路 a 和 b，长度为 l，线间距离为 d 的线路的电感。显然 $l \gg d$，并且两线有一端连接起来，形成一个闭合环路。线路 a、b 的电感 L 是由线路的自感和相互间的互感构成，即

$$L = L_1 = L_2 = L_s - M \tag{1-1}$$

式中　L_1、L_2——线路 a、b 的电感，H；

　　　　L_s——线路的自感，H；

　　　　M——线路间的互感，H。

根据电磁场的计算，自感 L_s 为

$$L_s = \frac{\mu_0}{2\pi} \cdot l \left[\ln\left(\frac{2l}{r}\right) + \frac{\mu_r}{4} - 1 \right]$$

$$= 2 \times 10^{-7} \cdot l \left[\ln\left(\frac{2l}{r}\right) + \frac{\mu_r}{4} - 1 \right] \tag{1-2}$$

式中　μ_0——空气磁导率，$\mu_0 = 4\pi \times 10^{-7}$，H/m；

　　　　l——线路长度，m；

　　　　r——导线半径，m；

μ_r——相对磁导率，铝线和铜线的相对导磁率为1。

如果定义导线的几何平均半径 R_G 为

$$R_G = re^{-\mu_r/4} \tag{1-3}$$

将式（1-3）代入式（1-2），整理后，有

$$L_s = 2 \times 10^{-7} \cdot l \left[\ln\left(\frac{2l}{R_G}\right) - 1 \right] \tag{1-4}$$

根据电磁场的计算，互感 M 为

$$M = 2 \times 10^{-7} \cdot l \left[\ln\left(\frac{2l}{d}\right) - 1 \right] \tag{1-5}$$

因此，每条线路的电感为

$$L = L_s - M = 2 \times 10^{-7} \cdot l \left\{ \left[\ln\left(\frac{2l}{R_G}\right) - 1 \right] - \left[\ln\left(\frac{2l}{d}\right) - 1 \right] \right\} \tag{1-6}$$

$$= 2 \times 10^{-7} \cdot l \cdot \ln\left(\frac{d}{R_G}\right)$$

2. 两平行线路 a 和 b 的对称分裂导线的电感

式（1-6）是单根导线的电感。假定分裂导线中各子导线的电流相同，其自感 L_s 为

$$L_s = 2 \times 10^{-7} \cdot l \left\{ \ln\left[\frac{2l}{(NR_G A^{N-1})^{1/N}} \right] \right\} \tag{1-7}$$

式中　N——分裂导线的子导线数；

　　　A——分裂导线分布圆周的半径。

分裂导线的自电抗为

$$X_{AA} = X_{BB} = \omega L_s = 4 \times 10^{-7} \pi f l \left\{ \ln\left[\frac{2l}{(NR_G A^{N-1})^{1/N}} \right] - 1 \right\} \tag{1-8}$$

互感 M_{AB} 表达式与式（1-5）相同。这样线路 a 和 b 之间的互电抗为

$$X_{AB} = \omega M_{AB} = 4 \times 10^{-7} \pi f l \left[\ln\left(\frac{2l}{d}\right) - 1 \right] \tag{1-9}$$

平行线路分裂导线的电感为

$$L = 2 \times 10^{-7} l \cdot \ln[d/(NR_G A^{N-1})^{1/N}] \tag{1-10}$$

平行线路分裂导线的电抗为

$$X = 4\pi f \times 10^{-7} l \cdot \ln[d/(NR_G A^{N-1})^{1/N}] \tag{1-11}$$

3. 三相输电线路对称分裂导线的电抗

假定三相输电线路 $R = 0$，则三相电压、电流之间有如下关系式

$$\begin{bmatrix} \dot{U}_A \\ \dot{U}_B \\ \dot{U}_C \end{bmatrix} = \begin{bmatrix} X_{AA} & X_{AB} & X_{AC} \\ X_{BA} & X_{BB} & X_{BC} \\ X_{CA} & X_{CB} & X_{CC} \end{bmatrix} \cdot \begin{bmatrix} \dot{I}_A \\ \dot{I}_B \\ \dot{I}_C \end{bmatrix} \tag{1-12}$$

$$\dot{I}_A + \dot{I}_B + \dot{I}_C = 0 \tag{1-13}$$

对于均匀换位的三相线路，假设 $X_{AB} = X_{AC}$，$X_{BA} = X_{BC}$，$X_{CA} = X_{CB}$，则有

$$\dot{U}_A = X_{AA}\dot{I}_A + X_{AB}(\dot{I}_B + \dot{I}_C)$$
$$\dot{U}_B = X_{BB}\dot{I}_B + X_{BC}(\dot{I}_A + \dot{I}_C)$$
$$\dot{U}_C = X_{CC}\dot{I}_C + X_{CA}(\dot{I}_A + \dot{I}_B) \tag{1-14}$$

因为 $\dot{I}_A + \dot{I}_B + \dot{I}_C = 0$，经简单整理，可得

$$\left.\begin{aligned}\dot{U}_A &= (X_{AA} - X_{AB})\dot{I}_A \\ \dot{U}_B &= (X_{BB} - X_{BC})\dot{I}_B \\ \dot{U}_C &= (X_{CC} - X_{CA})\dot{I}_C\end{aligned}\right\} \tag{1-15}$$

$$\left.\begin{aligned}X_{AA} &= \omega L_{sA}, \quad X_{AB} = \omega M_{AB} \\ X_{BB} &= \omega L_{sB}, \quad X_{BC} = \omega M_{BC} \\ X_{CC} &= \omega L_{sC}, \quad X_{CA} = \omega M_{CA}\end{aligned}\right\} \tag{1-16}$$

如果作如下定义

$$\frac{\dot{U}_A}{\dot{I}_A} = X_A = \omega L_A, \quad \frac{\dot{U}_B}{\dot{I}_B} = \omega L_B, \quad \frac{\dot{U}_C}{\dot{I}_C} = \omega L_C \tag{1-17}$$

从式 (1-15) 可得

$$L_A = L_{sA} - M_{AB}$$
$$L_B = L_{sB} - M_{BC}$$
$$L_C = L_{sC} - M_{CA} \tag{1-18}$$

对于均匀换位的线路，假定 $L_{sA} = L_{sB} = L_{sC} = L_s$，三相输电线路对称分裂导线等效电感 $L = \frac{1}{3}(L_A + L_B + L_C)$，由式 (1-18) 可得

$$\begin{aligned}L &= L_s - \frac{1}{3}(M_{AB} + M_{BC} + M_{CA}) \\ &= 2 \times 10^{-7} l \left\{ \ln\left[\frac{2l}{(NR_G A^{N-1})^{1/N}}\right] - \frac{1}{3}\left[\ln\left(\frac{2l}{d_{AB}}\right) + \ln\left(\frac{2l}{d_{BC}}\right) + \ln\left(\frac{2l}{d_{CA}}\right)\right] \right\} \\ &= 2 \times 10^{-7} l \cdot \ln[D_G/(NR_G A^{N-1})^{1/N}]\end{aligned}$$

$$\tag{1-19}$$

式中　d_{AB}、d_{BC}、d_{CA}——三相输电线路间距离，m；

$\quad\quad\quad D_G$——相间几何平均间距，$D_G = \sqrt[3]{d_{AB}d_{BC}d_{CA}}$，m。

每千米输电线路对称分裂导线的电抗 X_0 为

$$X_0 = 6.28 \times 10^{-5} \ln\left[\frac{D_G}{(NR_G A^{N-1})^{1/N}}\right] \tag{1-20}$$

（二）单位长度对称分裂导线的电纳

三相输电线正常运行时，相电容或相等效电容由相导线对地电容和三相导线间电容组成。

1. 对称分裂导线对地电容

相分裂导线如图 1-2 所示。对称分裂导线上的电压与电荷有如下关系

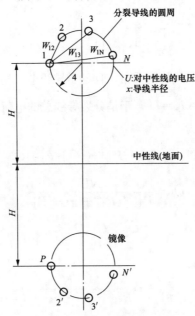

图 1-2　相分裂导线及其镜像

$$
\begin{bmatrix}
\dot U_1 \\
\dot U_2 \\
\vdots \\
\dot U_j \\
\vdots \\
\dot U_N
\end{bmatrix}
=
\begin{bmatrix}
\dot P_{11} & \dot P_{12} & \cdots & \dot P_{1k} & \cdots & \dot P_{1N} \\
\dot P_{21} & \dot P_{22} & \cdots & P_{2k} & \cdots & P_{2N} \\
\vdots & \vdots & & \vdots & & \vdots \\
\dot P_{j1} & \dot P_{j2} & \cdots & \dot P_{jk} & \cdots & \dot P_{jN} \\
\vdots & \vdots & & \vdots & & \vdots \\
\dot P_{N1} & \dot P_{N2} & \cdots & \dot P_{Nk} & \cdots & \dot P_{NN}
\end{bmatrix}
\cdot
\begin{bmatrix}
\dot Q_1 \\
\dot Q_2 \\
\vdots \\
\dot Q_j \\
\vdots \\
\dot Q_N
\end{bmatrix}
\tag{1-21}
$$

式中　U_j——子导线 j 的对地电压；

　　　Q_j——子导线 j 上的电荷；

　　　N——子导线数；

　　　P——电位系数。

自电位系数为

$$
P_{jj} = \frac{1}{2\pi\varepsilon}\ln\left(\frac{2H}{r}\right)
\tag{1-22}
$$

互电位系数为

$$P_{jk} = \frac{1}{2\pi\varepsilon}\ln\left(\frac{2H}{W_{jk}}\right) \tag{1-23}$$

式中　H——分裂导线几何圆心对地的高度，m；

　　　W_{jk}——子导线 j、k 之间的距离，m，$W_{jk} \ll 2H$（j，$k=1$，2，$\cdots$，N，$j\neq k$）；

　　　ε——电介数，$\varepsilon = \frac{1}{36\pi} \times 10^9\,\text{F/m}$。

假定，电荷在各子导线均匀分布，且各子导线电压相等，则 $\dot{Q}_1 = \dot{Q}_2 = \cdots = \dot{Q}_N = \dot{Q}$，$\dot{U}_1 = \dot{U}_2 = \cdots = \dot{U}_N = \dot{U}$，于是分裂导线总的电荷 $\dot{Q}_\Sigma = N\dot{Q}$。

式（1-21）可变换为

$$\dot{U} = (P_{11} + P_{12} + \cdots + P_{1N})\dot{Q} \tag{1-24}$$

$$\dot{Q}_\Sigma = \frac{N\dot{U}}{P_{11} + P_{12} + \cdots + P_{1N}} \tag{1-25}$$

$$\dot{Q}_\Sigma = C_{AA}\dot{U} \tag{1-26}$$

分裂导线对地电容为

$$C_{AA} = \frac{\dot{Q}_\Sigma}{\dot{U}} = \frac{N}{P_{11} + P_{12} + \cdots + P_{1N}} \tag{1-27}$$

将式（1-22）和式（1-23）代入式（1-27），可得

$$C_{AA} = \frac{N}{\frac{1}{2\pi\varepsilon}\left[\ln\left(\frac{2H}{r}\right) + \ln\left(\frac{2H}{W_{12}}\right) + \ln\left(\frac{2H}{W_{13}}\right) + \cdots + \ln\left(\frac{2H}{W_{1N}}\right)\right]} \tag{1-28}$$

经整理得

$$C_{AA} = 1 \Big/ \left\{\frac{1}{2\pi\varepsilon}\ln\left[\frac{2H}{(rNA^{N-1})^{1/N}}\right]\right\} \tag{1-29}$$

$$P_{AA} = \frac{1}{2\pi\varepsilon}\ln\left[\frac{2H}{(rNA^{N-1})^{1/N}}\right] \tag{1-30}$$

2. 三相输电线路对称分裂导线的电纳

三相输电线路电位系数矩阵为

$$\begin{bmatrix} \dot{U}_A \\ \dot{U}_B \\ \dot{U}_C \end{bmatrix} = \begin{bmatrix} P_{AA} & P_{AB} & P_{AC} \\ P_{BA} & P_{BB} & P_{BC} \\ P_{CA} & P_{CB} & P_{CC} \end{bmatrix} \cdot \begin{bmatrix} \dot{Q}_A \\ \dot{Q}_B \\ \dot{Q}_C \end{bmatrix} \tag{1-31}$$

$$\dot{Q}_A + \dot{Q}_B + \dot{Q}_C = 0 \tag{1-32}$$

$$P_{ij} = \frac{1}{2\pi\varepsilon}\ln\left(\frac{S_{ij}}{d_{ij}}\right) \qquad (1\text{-}33)$$

式中 P_{ij}——三相导线间的互电位系数；

d_{ij}——两相导线 i 和 j 的中心点距离；

S_{ij}——从一相导线到另一相导线镜像点的距离。

对于均匀换位的三相线路，假定 $P_{AB} \approx P_{AC}$，$P_{BC} \approx P_{BA}$，$P_{CB} \approx P_{CA}$，则有

$$\left.\begin{array}{l} \dot{U}_A = (P_{AA} - P_{AB})\dot{Q}_A \\[2mm] \dot{U}_B = (P_{BB} - P_{BC})\dot{Q}_B \\[2mm] \dot{U}_C = (P_{CC} - P_{CA})\dot{Q}_C \end{array}\right\} \qquad (1\text{-}34)$$

设定 A、B、C 三相等效电位系数为 $P_A = \dfrac{\dot{U}_A}{\dot{Q}_A}$，$P_B = \dfrac{\dot{U}_B}{\dot{Q}_B}$，$P_C = \dfrac{\dot{U}_C}{\dot{Q}_C}$，则有

$$\left.\begin{array}{l} P_A = P_{AA} - P_{AB} \\[2mm] P_B = P_{BB} - P_{BC} \\[2mm] P_C = P_{CC} - P_{CA} \end{array}\right\} \qquad (1\text{-}35)$$

假定 $S_{ij} \approx 2H$，则

$$P_{ij} = \frac{1}{2\pi\varepsilon}\ln\left(\frac{2H}{d_{ij}}\right) \qquad (1\text{-}36)$$

将 P_{AA}、P_{BB}、P_{CC} 和 P_{ij} 代入式 (1-35)，得

$$\left.\begin{array}{l} P_A = \dfrac{1}{2\pi\varepsilon}\ln\left[\dfrac{d_{AB}}{(rNA^{N-1})^{1/N}}\right] \\[4mm] P_B = \dfrac{1}{2\pi\varepsilon}\ln\left[\dfrac{d_{BC}}{(rNA^{N-1})^{1/N}}\right] \\[4mm] P_C = \dfrac{1}{2\pi\varepsilon}\ln\left[\dfrac{d_{CA}}{(rNA^{N-1})^{1/N}}\right] \end{array}\right\} \qquad (1\text{-}37)$$

式中 d_{AB}、d_{BC}、d_{CA}——三相分裂导线之间的相间距离。

输电线路的等效电位系数

$$P = \frac{1}{3}(P_A + P_B + P_C) = \frac{1}{2\pi\varepsilon}\ln\left[\frac{D_G}{(rNA^{N-1})^{1/N}}\right] \qquad (1\text{-}38)$$

三相输电线路的等效电容

$$C = \frac{1}{P} = 2\pi\varepsilon\Big/\ln\left[\frac{D_G}{(rNA^{N-1})^{1/N}}\right] \qquad (1\text{-}39)$$

其中

$$D_G = \sqrt[3]{d_{AB}d_{BC}d_{CA}}$$

输电线对称分裂导线的单位电纳 B_0 为

$$B_0 = \omega C = 2\pi f \times 1000/(2\pi\varepsilon)/\ln\left[\frac{D_G}{(rNA^{N-1})^{1/N}}\right] \tag{1-40}$$

$$= (1.744 \times 10^{-5})/(2\pi\varepsilon)/\ln\left[\frac{D_G}{(rNA^{N-1})^{1/N}}\right]$$

单位容抗 X_{C0} 为

$$X_{C0} = 0.573 \times 10^5 \cdot \ln\left[\frac{D_G}{(rNA^{N-1})^{1/N}}\right] \tag{1-41}$$

（三）单位长度分裂导线的交流电阻

先求子导线的电阻值，然后求分裂导线电阻，它是各子导线并列后的电阻值 R_0。

$$R_0 = \frac{r_1}{N} \cdot r_1 = \frac{\rho}{S} \tag{1-42}$$

式中　r_1——每千米子导线的电阻，Ω/km；

$\quad\quad N$——子导线数；

$\quad\quad S$——导线的额定截面积，mm^2；

$\quad\quad \rho$——导线材料的电阻率，$\Omega \cdot \mathrm{mm}^2/\mathrm{km}$。

由于交流电的集肤效应，钢芯铝绞线每股线长实际大于导线长度，计算用截面积略大于实际截面积，交流电阻率略大于直流电阻率。

电阻值的温度修正值为

$$r_{1,t} = r_{1,20}[1 + \alpha(t - 20)] \tag{1-43}$$

式中　$r_{1,t}$、$r_{1,20}$——t、20℃时子导线单位长度的电阻，Ω/km；

$\quad\quad \alpha$——电阻温度系数。

二、导线分裂结构对线路电抗和容抗的影响

相导线截面积（和质量）大致相同时，不同分裂导线结构，包括子导线间距或分裂导线直径对电抗和容抗的影响列于表 1-1 和表 1-2。

表 1-1　　　　　　　　　　　导线分裂对电抗的影响

子导线数	总截面积 (mm^2)	分裂间距 (cm)	分类导线直径 (cm)	X_L (Ω/km)	X_L (标幺值)
1	2515	—	—	0.556	1.00
2	2544	45	45	0.433	0.78
3	2625	45	52	0.390	0.70
4	2544	45	65	0.357	0.64

续表

子导线数	总截面积 （mm²）	分裂间距 （cm）	分类导线直径 （cm）	X_L （Ω/km）	X_L （标幺值）
6	2392	—	92	0.319	0.57
8	2400	—	102	0.258	0.47
12	2539	—	127	0.215	0.39

注 相间距离 D_G＝14m。

表 1-2　　　　　　　　　　导线分裂对容抗的影响

子导线数	总截面积 （mm²）	分裂间距 （cm）	分类导线直径 （cm）	X_C （Ω/km）	X_C （标幺值）
1	2515	—	—	0.1888	1.00
2	2544	45	45	0.1496	0.79
3	2625	45	52	0.1356	0.72
4	2544	45	65	0.1252	0.66
6	2392	—	92	0.1114	0.59
8	2400	—	102	0.1056	0.56
12	2539	—	127	0.096	0.51

注 相间距离 D_G＝14m。

三、分裂导线参数对特高压输电能力的影响

当分裂导线按照电晕特性及其限制条件选取时，分裂导线的截面积将大于其经济电流密度或热稳定极限选取的导线截面积。这时，特高压输电能力几乎不受导线截面积的影响。但是，每相子导线的数目、分裂导线直径、子导线间距和相间距离直接决定电抗和容抗的大小，因而非常明显地影响特高压输电能力。改变分裂导线参数，计算线路波阻抗，可以算出各种参数下的自然功率输电能力，图 1-3 为 1100kV 线路输电能力与分裂导线各参数之间的关系。

从图 1-3 和研究分析可看出：分裂导线的直径从 0.4m 增加到 1.4m，同时保持子导线数和相间距离不变，输电线路输电能力增加 10％左右；子导线数从 4 增加到 10，同时保持分裂导线直径和相间距离不变，输电能力可增加 5％左右；相间距离从 25m 减少到 15m，其他保持不变，输电能力可增加 12％以上。总体来看，在合理的范围内调整分裂导线的 3 个参数，输电能力可增加大约 25％。

特高压输电线路包括杆塔结构的物理参数设计，在满足绝缘设计和终端

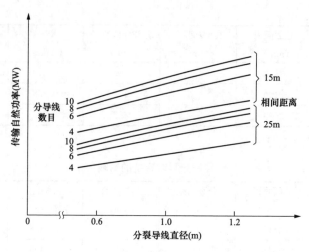

图 1-3　1100kV 线路输电能力与分裂导线参数关系

设备比较合理成本的情况下，在分裂导线参数设计时，应仔细考虑优化导线结构，尽可能做到小的电抗值，以避免输电能力的大量损失。只有这样，特高压输电线路的设计在满足环境保护和绝缘要求的情况下，才能同时提高线路的系统性能，包括提高输电能力，降低单位功率输电成本。

四、特高压与超高压输电线路参数比较

根据式（1-20）、式（1-40）和式（1-42）可知，超高压、特高压输电线路的电抗、电纳和电阻值由子导线数、子导线半径、分裂导线直径和相间导线距离决定。而这些又与输电线的电晕特性要求、输电线路工频电场和工频磁场限制、绝缘水平和输电成本有关。由于输电能力要求不同，电晕引起的可听噪声、无线电干扰、工频电磁场限制标准不完全一致，对于同一电压等级的各种超高压、特高压输电线路来说，单位长度的电抗、容抗和电阻会有一定差别。表 1-3 列出的是特高压、超高压输电线路的典型电阻、电抗和电纳有名值和折算到 500kV 的标幺值。

表 1-3　特高压、超高压输电线路典型的单位长度的电阻、电抗和电纳值

电压等级（kV）	500	765	1100	1500
分裂导线（mm）	4×300	4×685	8×900	12×685
子导线间距或分裂导线直径（cm）	42	64.8	106.9	128.0
相间距离（m）	13	13.9	22.0	23.8
$R_0(\Omega/\text{km})$	0.026 25	0.011 99	0.005 261	0.004 192

电压等级（kV）	500	765	1100	1500
$X_0(\Omega/km)$	0.284	0.278	0.2435	0.2433
$B_0(S/km)$	3.910×10^{-6}	4.119×10^{-6}	4.650×10^{-6}	4.654×10^{-6}
R_0^*	1.05×10^{-5} (1.00)	0.205×10^{-5} (0.195)	0.043×10^{-5} (0.0409)	0.019×10^{-5} (0.0180)
X_0^*	1.136×10^{-4} (1.00)	0.475×10^{-4} (0.418)	0.201×10^{-4} (0.177)	0.108×10^{-4} (0.095)
B_0^*	9.775×10^{-3} (1.00)	24.105×10^{-3} (2.466)	56.268×10^{-3} (5.756)	104.725×10^{-3} (10.713)

注 R_0^*、X_0^*、B_0^* 是以 500kV、100MVA 为基值的标幺值。括号里的数值是以 500kV 的标幺值为 1 的比较值。

以 500kV 输电线路为基值的特高压输电线路的 R_0、X_0、B_0 与超高压输电线路的比较，如图 1-4 所示。从表 1-3 和图 1-4 可以看出，随着线路额定电压的升高，R_0 和 X_0 迅速减小，而 B_0 却快速增大。

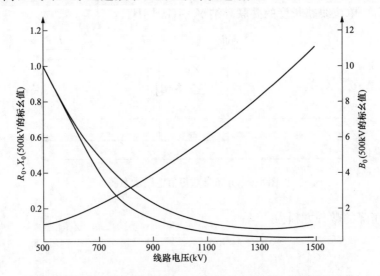

图 1-4 特高压输电线路基本电气参数与超高压输电线路的比较

五、特高压输电线路的等值电路

特高压输电线路的电阻、电抗、电导和电纳沿线路长度是均匀分布的。但是在电力系统分析计算时，一般采用集中等效参数代替分布参数。当已知特高压输电线路单位长度参数时，阻抗和导纳的等效集中参数可用分布参数特性计算得到。

11

1. Ⅱ形等值电路的电压、电流方程

Ⅱ形等值电路如图 1-1 所示。由图 1-1 可得到输电线路送端 1 和受端 2 的电压和电流方程式

$$\dot{U}_1 = \left(\dot{I}_2 + \frac{Y}{2}\dot{U}_2\right)Z + \dot{U}_2 = \left(1 + \frac{YZ}{2}\right)\dot{U}_2 + Z\dot{I}_2 \tag{1-44}$$

$$\dot{I}_1 = \frac{Y}{2}\dot{U}_1 + \frac{Y}{2}\dot{U}_2 + \dot{I}_2 = Y\left(1 + \frac{YZ}{4}\right)\dot{U}_2 + \left(1 + \frac{YZ}{2}\right)\dot{I}_2 \tag{1-45}$$

式（1-44）和式（1-45）的矩阵形式为

$$\begin{bmatrix} \dot{U}_1 \\ \dot{I}_1 \end{bmatrix} = \begin{bmatrix} 1 + \dfrac{YZ}{2} & Z \\ Y\left(1 + \dfrac{YZ}{4}\right) & 1 + \dfrac{YZ}{2} \end{bmatrix} \cdot \begin{bmatrix} \dot{U}_2 \\ \dot{I}_2 \end{bmatrix} \tag{1-46}$$

2. 分布参数等值电路的计算

特高压输电线路分布参数的等值电路由 m 个单位线路长度的等值Ⅱ形网络组成，其示意图如图 1-5 所示。图 1-5 中，单位线路长度的串联阻抗 $Z_0 = R_0 + jX_0$，单位线路长度的并联导纳 $Y_0 = G_0 + jB_0$。

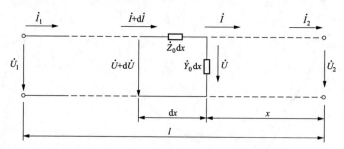

图 1-5　分布参数等值电路示意图

电压降的微分方程为

$$\frac{\mathrm{d}\dot{U}}{\mathrm{d}x} = \dot{I}Z_0 \tag{1-47}$$

电流的微分方程为

$$\frac{\mathrm{d}\dot{I}}{\mathrm{d}x} = \dot{U}Y_0 \tag{1-48}$$

由式（1-47）和式（1-48）经过变换，整理可得如下方程

$$\frac{\mathrm{d}^2\dot{U}}{\mathrm{d}x^2} - Z_0Y_0\dot{U} = 0 \ \text{或} \ (P^2 - Z_0Y_0)\dot{U} = 0 \tag{1-49}$$

其中，$P = \dfrac{\mathrm{d}}{\mathrm{d}x}$ 为微分算子，其特征方程式 $P^2 - Z_0Y_0 = 0$ 的根为

$$P_{1,2} = \pm\sqrt{Z_0 Y_0} = \pm\gamma \tag{1-50}$$

微分方程的解为

$$\dot{U} = C_1 e^{\gamma x} + C_2 e^{-\gamma x} \tag{1-51}$$

$$\frac{\mathrm{d}\dot{U}}{\mathrm{d}x} = C_1 \gamma e^{\gamma x} - C_2 \gamma e^{-\gamma x} \tag{1-52}$$

由式（1-47）可得

$$\dot{I} = \frac{1}{Z_0}\left(\frac{\mathrm{d}\dot{U}}{\mathrm{d}x}\right) = \frac{C_1}{\sqrt{Z_0/Y_0}} e^{\gamma x} - \frac{C_2}{\sqrt{Z_0/Y_0}} e^{-\gamma x} \tag{1-53}$$

其中，$\gamma = \sqrt{Z_0 Y_0} = \alpha \pm \mathrm{j}\beta$ 为输电线路的传播系数，实部 α 为衰减系数，虚部 β 为相位系数。这样，式（1-51）～式（1-53）的指数项 $e^{\gamma x}$ 和 $e^{-\gamma x}$ 表达式可变换为

$$e^{\gamma x} = e^{(\alpha+\mathrm{j}\beta)x} = e^{\alpha x}(\cos\beta x + \mathrm{j}\sin\beta x) \tag{1-54}$$

$$e^{-\gamma x} = e^{-(\alpha+\mathrm{j}\beta)x} = e^{-\alpha x}(\cos\beta x - \mathrm{j}\sin\beta x) \tag{1-55}$$

$Z_C = \sqrt{Z_0/Y_0} = R_C + \mathrm{j}X_C$ 称为输电线路的波阻抗，亦称为特征阻抗。

对于超高压、特高压线路来说，$C_0 \ll B_0$，$R_0 \ll X_0$。C_0 和 R_0 一般可忽略不计。这样

$$\gamma = \sqrt{\mathrm{j}\omega L_0 \cdot \mathrm{j}\omega C_0} = \mathrm{j}\omega\sqrt{L_0 C_0} = \mathrm{j}\beta \tag{1-56}$$

$$Z_C = \sqrt{\frac{\mathrm{j}\omega L_0}{\mathrm{j}\omega C_0}} = \sqrt{\frac{L_0}{C_0}} \tag{1-57}$$

由边界条件，即 $x \approx 0$ 处，$\dot{U} = \dot{U}_2$，$\dot{I} = \dot{I}_2$，代入式（1-52）和式（1-53）可求出 C_1 和 C_2 两个常数为

$$C_1 = \frac{1}{2}(\dot{U}_2 + Z_C\dot{I}_2) \tag{1-58}$$

$$C_2 = \frac{1}{2}(\dot{U}_2 - Z_C\dot{I}_2) \tag{1-59}$$

将常数代入式（1-52）和式（1-53），可得如下方程

$$\dot{U} = \frac{1}{2}(e^{\gamma x} + e^{-\gamma x})\dot{U}_2 + \frac{1}{2}(e^{\gamma x} - e^{-\gamma x})Z_C\dot{I}_2 \tag{1-60}$$

$$= \dot{U}_2\cosh\gamma x + Z_C\dot{I}_2\sinh\gamma x$$

$$\dot{I} = \frac{1}{2Z_C}(e^{\gamma x} - e^{-\gamma x})\dot{U}_2 + \frac{1}{2}(e^{\gamma x} + e^{-\gamma x})\dot{I}_2 \tag{1-61}$$

$$= \frac{1}{Z_C}\dot{U}_2\sinh\gamma x + \dot{I}_2\cosh\gamma x$$

13

其中，$\sinh\gamma x = \frac{1}{2}(e^{\gamma x} - e^{-\gamma x})$ 称为双曲正弦函数，$\cosh\gamma x = \frac{1}{2}(e^{\gamma x} + e^{-\gamma x})$ 称为双曲余弦函数。

如果忽略电阻和电导，超高压和特高压输电线路称为无损超高压、特高压输电线路。这样

$$\dot{U} = \dot{U}_2\cos\beta x + jZ_C\dot{I}_2 j\sin\beta x \tag{1-62}$$

$$\dot{I} = \dot{I}_2\cos\beta x + j\frac{1}{Z_C}\dot{I}_2 j\sin\beta x \tag{1-63}$$

3. 集中参数等值电路的阻抗、导纳计算

在式（1-60）和式（1-61）中，令 $x=1$ 可求出长度为 l 的特高压输电线路的特高压电网送端、受端电压和电流方程式。

其方程的矩阵形式为

$$\begin{bmatrix} \dot{U}_1 \\ \dot{I}_1 \end{bmatrix} = \begin{bmatrix} \cosh\gamma l & Z_C\sinh\gamma l \\ \dfrac{\sinh\gamma l}{Z_C} & \cosh\gamma l \end{bmatrix} \cdot \begin{bmatrix} \dot{U}_2 \\ \dot{I}_2 \end{bmatrix} \tag{1-64}$$

比较式（1-46）和式（1-64）两个矩阵方程，可以求出长度为 l 的特高压输电线路 Ⅱ 形等值电路（见图 1-1）的阻抗和电导参数。阻抗和电导的计算公式分别为

$$Z = Z_C\sinh\gamma l \tag{1-65}$$

$$Y = \frac{2(\cosh\gamma l - 1)}{Z_C\sinh\gamma l} \tag{1-66}$$

4. 超高压、特高压输电线路的波阻抗和传播系数

超高压、特高压输电线路的波阻抗和传播系数与分裂导线的结构和相间距离有关，与输电线长度无关。不同的分裂导线结构和相间距离有不同的波阻抗（Z_C）和传播系数（γ），但同一电压等级输电线的波阻抗和传播系数差别很小。根据表 1-3 的线路参数计算的超高压、特高压输电线路的波阻抗和传播系数列于表 1-4。从表 1-4 可以看出，不同电压等级的相位系数基本相同。

表 1-4　　　　　超高压、特高压输电线路特征阻抗和传播系数

电压等级（kV）	500	765	1100	1500
$Z_C(\Omega)$	$270.1\angle-2.64°$	$259.9\angle-1.23°$	$228.8\angle-0.62°$	$228.6\angle-0.49°$
γ(rad/km)	1.056×10^{-3} $\angle-87.35°$	1.070×10^{-3} $\angle-88.76°$	1.0642×10^{-3} $\angle-89.38°$	1.0641×10^{-3} $\angle-89.50°$
α^*（nepers/km）	0.0486×10^{-3}	0.023×10^{-3}	$0.011\,50\times10^{-3}$	$0.009\,16\times10^{-3}$
β(rad/km)	1.054×10^{-3}	1.0698×10^{-3}	1.0642×10^{-3}	1.0641×10^{-3}

* 弧度衰减系数。

5. Ⅱ形等值电路参数计算方法

超高压、特高压输电线路Ⅱ形等值电路的阻抗和导纳的计算有两种方法：①分布参数计算法，用式（1-65）和式（1-66）计算；②单位长度参数与距离相乘法。

方法①的计算步骤如下：

（1）根据分裂导线结构和相间距离计算每千米的电阻、电抗、电纳和电导。

（2）计算波阻抗（Z_C）和传播系数（γ）。

（3）根据线路长度，由式（1-65）和式（1-66）分别计算阻抗（Z）和导纳（Y）。

方法②的计算步骤如下：

（1）计算每千米的阻抗（Z_0）和导纳（Y_0）。

（2）Z_0 和 Y_0 分别乘以线路长度，便可得到Ⅱ形等值电路的集中参数。

方法②用于粗略线路参数估计。对于 300km 长的 1100kV 输电线路，方法①计算的等效电阻（R）、电抗（X）、电纳（B）和方法②计算的（R'）、电抗（X'）、电纳（B'）如表 1-5 所示。由表 1-5 可以看出，用方法②计算的电阻、电抗值比精确计算大，随着线路长度的增加，误差会更大，电阻误差可能达 10%；而电纳比精确计算值小。

表 1-5　　　　　　　1100kV、300km 输电线路不同方法计算的等值参数

电阻（Ω）		电抗（Ω）		电纳（S）	
R	R'	X	X'	B	B'
1.525	1.578	71.81	73.05	1.407×10^{-3}	1.395×10^{-3}

第二节　特高压线路输电特性

本节主要介绍了功率损耗和电压降落、特高压和超高压输电线路功率损耗比较、自然功率、有功功率与无功功率的输送及功率-电压特性等问题。结合图示，通过类比，能够为线路参数设计提供技术要求和依据。

已知特高压输电线路参数，按照输电线路的等值电路或按照输电线路分布参数的电压和电流方程可对特高压输电的线路输电特性进行分析，并与超高压输电的线路输电特性进行比较，为线路参数设计提供技术要求和依据。

本节主要讨论特高压输电线路输送功率与功率损耗、电压降落、无功功率及电压调节等方面的关系。

一、功率损耗和电压降落

特高压输电线路功率损耗和电压降落计算，与其他输电线路，特别是超高压线路完全一样。在计算时，不考虑电晕功率损耗和绝缘子泄漏功率损耗，令并联电导 $G=0$。输电线路的Ⅱ形等值电路如图1-6所示。其中 $Z=R+jX$，$Y=jB$，$\dot{U}_2$ 和 $\dot{U}_1$ 为送、受端的线电压，$\dot{S}$ 为三相视在功率，$\dot{S}=P+jQ$。

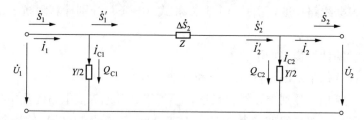

图1-6　计算输电线路功率和电压的Ⅱ形等值电路

1. 输电线路的功率损耗

$$\Delta\dot{S}_2=(\dot{I}'_2)^2Z=\left(\frac{S'_2}{U_2}\right)^2Z$$

$$=\frac{P'^2_2+Q'^2_2}{U^2_2}(R+jX)=\frac{P^2_2+(Q_2-Q_{C2})^2}{U^2_2}(R+jX) \tag{1-67}$$

线路阻抗 Z 上的有功损耗 ΔP_2 和无功损耗 ΔQ_2 分别为

$$\Delta P_2=\frac{P^2_2+(Q_2-Q_{C2})^2}{U^2_2}R \tag{1-68}$$

$$\Delta Q_2=\frac{P^2_2+(Q_2-Q_{C2})^2}{U^2_2}X \tag{1-69}$$

其中，Q_{C2} 为线路的电容充电功率或电纳上的无功功率。

$$\dot{Q}_{C2}=\dot{U}_2\left(\frac{Y}{2}\dot{U}_2\right)^*=\frac{1}{2}(0-jB)U^2_2=-\frac{1}{2}jBU^2_2 \tag{1-70}$$

$$Q_{C2}=\frac{1}{2}BU^2_2 \tag{1-71}$$

从式（1-68）可以看出，线路的有功损耗与输送的有功和无功的平方成正比，与电压平方成反比。因此，在输送相同功率情况下，提高输电线路电压能显著减少线路有功损耗；减少线路的无功传输，可大大减少线路有功和无功损耗，提高线路运行的经济性，减少受端并联无功补偿投资。

从式（1-71）可以看出，线路的等效电容产生的无功与电压平方成正比。1100kV 线路单位长度电纳约为 500kV 的 1.1 倍以上。这样，1100kV 线路电容产生的无功约为 500kV 线路的 5.3 倍。1000kV 线路电容产生的无功约为 500kV 线路的 4.4 倍。

2. 输电线路电压降落

输电线路电压、电流相量图如图 1-7 所示。

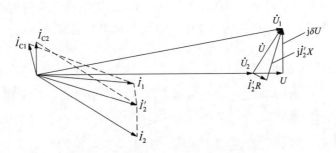

图 1-7 输电线路电压、电流相量图

设定 $\dot{U}_2 = \dot{U}_2 e^{j0}$，则线路送端电压为

$$\dot{U}_1 = \dot{U}_2 + \dot{I}'_2 Z = \dot{U}_2 + \left(\frac{\dot{S}'_2}{\dot{U}_2}\right)^* Z = \dot{U}_2 + \frac{P_2 - j(Q_2 - Q_{C2})}{U_2}(R + jX)$$

$$= U_2 + \frac{P_2 R + (Q_2 - Q_{C2})X}{U_2} + j\frac{P_2 X - (Q_2 - Q_{C2})R}{U_2}$$

$$= (U_2 + \Delta U) + j\delta U = \dot{U}_2 + d\dot{U}$$

$$\tag{1-72}$$

$$\Delta U = \frac{P_2 R + (Q_2 - Q_{C2})X}{U_2} \tag{1-73}$$

$$\delta U = \frac{P_2 X - (\dot{Q}_2 - Q_{C2})R}{U_2} \tag{1-74}$$

$$U_1 \approx U_2 + \Delta U \tag{1-75}$$

式中　$d\dot{U}$——电压降落；

　　　ΔU——电压损耗，通常以百分数表示。

从式（1-73）可以看出，电压损耗与输送无功功率成正比，与电压成反比。因此，减少线路无功功率的传输，有利于输电系统电压调节，提高受端电压水平，提高输电的电压稳定性。

二、有功功率与无功功率的输送

自然功率是电压和线路单位长度阻抗和导纳的函数，线路输送的自然功率与线路长度无关，长线路和短线路输送的自然功率一样。由于线路电容产生的无功和线路电抗的无功损耗均是线路长度的函数，即线路长度增加，电抗的无功损耗和电容产生的无功都增加，反之亦然，特高压输电与超高压输电关于输送功率与无功的关系的变化规律是一样的。

图 1-8 列出了不同电压等级、长度为 161km 输电线路的传输功率与线路电抗消耗的无功与电容产生的无功差（净无功功率）的关系。

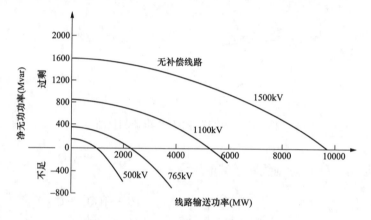

图 1-8　净无功功率与传输功率的关系

从图 1-8 可以看出，特高压输电线路电容产生的无功比超高压大得多。因此，特高压输电的电压无功调节难度要比超高压大。

图 1-9 描述的是超高压、特高压不同电压等级输电线路电容产生的无功（或称充电功率）与输电距离的关系。从图 1-9 可以看出，1100kV 线路产生的无功几乎为 500kV 线路的 6 倍。

为了限制工频过电压，超高压、特高压输电线路通常在线路送端和受端装设并联电抗补偿。对于 500kV 线路，并联电抗补偿容量包括高抗和低抗补偿，通常要补偿线路 90% 及以上的充电功率。对于特高压线路，并联电抗补偿容量要兼顾工频过电压限制和输送不同功率的无功调节，一般补偿度可选 75% 左右。当并联电抗补偿接入线路时，无功差与输电功率的特性将往下移，当线路输送的功率接近或超过自然功率时，线路本身的无功不再自我平衡，线路要吸收大量的无功，并且吸收的无功随有功的输送变化而加大，从而进一步增加了电压和无功调节的难度，甚至要影响特高压线路的输电能力。并联电抗补偿对线路无功特性的影响如图 1-10 所示。如果用可控电抗补偿代替

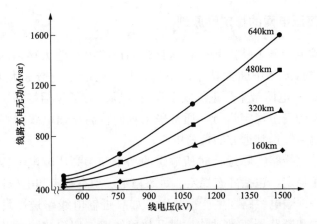

图 1-9　线路电容产生的无功与线路电压和距离的关系

固定并联电抗补偿，将能兼顾工频、过电压限制和无功调节，大大有利于特高压电网的运行。可控电抗器的调节方式应是，线路输送功率较小或空载时，补偿容量处于最大值；随着线路功率的增加，平滑地减少补偿容量，使线路电抗消耗的无功主要由线路电容产生的无功来平衡；而当三相跳闸甩负荷时，快速反应增大补偿容量，以避免线路运行在重负荷情况下限制工频过电压。

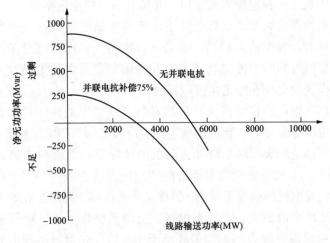

图 1-10　并联电抗补偿对特高压输电线路无功特性的影响

第三节　特高压电网的输电能力

本节主要讲述了特高压电网的稳定性原则、线路输电能力流程图，对特高压输电能力的计算方法及超高压和特高压输电能力比较进行了删减。

19

一、特高压电网的稳定性原则

特高压输电的显著特点是能输送比超高压输电线路大得多的功率。如果特高压输电线路突然中断大功率的输送，将给受端系统造成大的功率缺额，给下一级 500kV 电网带来严重的安全运行问题。为了包括特高压电网在内的整个电力系统的安全稳定运行，通常采用双回特高压输电线路将发电中心或送端系统的电力输送到远方的负荷中心。

特高压输电线路实际运行时所输送的功率和超高压输电一样，必须满足电力系统功角稳定，包括静态稳定、暂态稳定、动态稳定和电压稳定的要求。

（1）当一回输电线路发生严重故障，如靠近输电线路送端发生三相短路时，继电保护和断路器正常动作，跳开故障线路，切除故障，电力系统应能保持暂态稳定。

（2）故障线路跳开、切除故障后，剩下的一回线路能保持原双回线路的输送功率在静态稳定极限范围内，有一定静态稳定裕度，短时内保持电力系统稳定运行，保证电力系统运行人员在故障后重新调整电力系统潮流，使电力系统各输电线路有接近正常运行的静态稳定裕度。

（3）故障线路跳开、切除故障后，剩下的一回线路保持原双回线路的输送功率在小干扰电压稳定极限范围内，并留有一定的稳定裕度。

（4）在电力系统大方式运行条件下，特高压输电受端系统内发生单台大机组突然跳闸时，根据故障后的潮流分布，特高压输电线路对于可能增加的功率输送，应留有短时的静态稳定裕度和电压稳定所需的短时有功和无功输送裕度，确保受端电压在稳定裕度范围内。

根据特高压输电稳定性的上述要求和特高压输电的性能特点，从静态稳定和小干扰电压稳定考虑，特高压输电能力应满足如下稳定限制要求：

（1）在考虑送端和受端系统等值阻抗的情况下，系统静态稳定裕度应达到 $30\%\sim35\%$，此时等效两端电动势的功角应保持在 $40°\sim44°$。相对于超高压输电来说，发电机的暂态电抗 X_a 和特高压变压器短路电抗在整个特高压输电的系统阻抗比率值更大。在一般的送、受端系统强度下，双回输电线路的输电能力为单回输电能力的 1.3 倍或小于 1.3 倍。如果单回输电线的静态稳定裕度能保持在 $30\%\sim35\%$，则一回输电线故障跳开后，特高压输电系统仍能保持在静态稳定极限范围之内。按照这样的静态稳定裕度确定线路输送功率的能力，双回输电线路的静态稳定裕度还要大一些。如果采用快速继电保护和快速断路器跳并故障线路，一般来说，其暂态稳定性是可以得到保证的。

（2）特高压输电线路两端电压降落应保持在 5% 左右。从特高压输电线路的 P-U 曲线和 Q-U 曲线可知，线路两端电压降落保持在 5%，运行点离临界电压点有足够的有功和无功距离。当然首先要配置好受端系统的无功补偿，使输电线路在重负荷条件下，电压失稳的临界电压低于最低电压的5%。

按以上稳定性原则确定输电能力，还应将输电系统接入整个电力系统进行详细的暂态稳定、动态稳定和电压稳定仿真计算，从功角稳定和电压稳定的角度，确保特高压输电有高的可靠性。

二、线路输电能力计算流程图

在计算线路输电能力之前，需要给定下列参数和限定值，作为计算的基本条件：

（1）输电线路每千米的 r_1、x_1 和 b_1，送端发电机暂态电抗 X_d' 或送端系统等效电抗 X_{s1}，受端系统等效电抗 X_d。

（2）以受端系统等值电抗 X_d 后的电动势为参考点，$\dot{U}_s = U_s \angle 0°$，确定 U_s。

（3）送、受端系统两端点的静态裕度功角 δ_0，线路送端电压限制值 E_{sm}，以及线路两端电压降 ΔU。

线路输电能力计算流程，如图 1-11 所示。

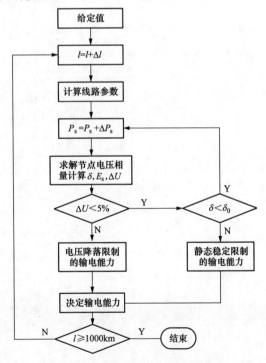

图 1-11　线路输电能力计算流程图

图 1-12 给出的是 1100kV 输电线路按线路电压降落限制和静态稳定限制条件计算的输电能力随输电距离变化的关系曲线，X 点左边，线路电压降落是输电能力限制的主要因素；而 X 点右边，静态稳定裕度是输电能力限制的主要因素。

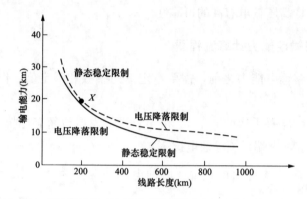

图 1-12　1000kV 线路以自然功率为基值的输电能力与输电距离的关系

第二章

特高压电网不对称故障的分析计算

第一节　概　　述

本节主要讲述了应用对称分量法简单分析计算不对称故障，以及其分析步骤，内容简单明了，是本章的一个概述。

在电力系统的故障中，仅在一处发生不对称短路或断线的故障，称为简单不对称故障。它通常分为两类：①一类叫横向不对称故障，包括两相短路、单相接地短路及两相接地短路三种类型。这种故障发生在系统中某一点的各相之间或相与地之间，是处于网络三相之路的横向，故称为横向不对称故障。②另一类是发生在网络三相之路的纵向，叫纵向不对称故障，包括一相断相和两相断相两种基本类型。

分析计算不对称故障的方法很多，如对称分量法、$\alpha\beta0$ 分量法，以及在 abc 坐标系系统中直接进行计算等。实际应用最广泛、最基本的方法仍是对称分量法。本章将重点介绍应用对称分量法来解决各种不对称故障时短路点电气量的分析计算问题，对其他方法只做简略的介绍。

不对称故障的分析计算是故障分析的基本内容之一。在电力系统的设计和运行中，不对称故障出现的各序对称分量及各相电流、相电压的分析计算，是选择电气设备、确定运行方式、整定继电保护、选用自动化设备，以及事故分析的重要依据。在电力系统各种故障中，不对称故障所占的比例很大。

应用对称分量法分析计算简单不对称故障时，对于各序分量的求解一般有两种方式：一种是直接联立求解三序的电动势方程和三个边界条件方程；另一种是借助于复合序网进行求解，将三相不对称的问题转化为对称的一相进行求解，即根据不同故障类型所确定的边界条件，将三个序网络进行适当的联接，组成一个一相的复合序网，通过对复合序网的计算，求出电流、电压的各序对称分量。这种方法比较简便，又容易记忆，因此应用较广。

在所讨论的各种不对称故障的分析计算中，求出的各序电流、电压对称分量及各相电流、电压值，一般都是指起始时或稳态时的基频分量。

在工程计算中都假定发电机转子是对称的，也就是忽略了不对称短路时的高次谐波分量。这种假定对隐极发电机和 d 轴及 q 轴都装有阻尼绕组的凸极发电机是比较切合实际的。

以图 2-1 所示的系统接线为例进行讨论，电压、电流规定的方向如图所示。从图 2-1 中可以看出，规定电流的正方向由电源指向短路点，$\dot{I}_{ka}$、$\dot{I}_{kb}$、$\dot{I}_{kc}$ 为两侧系统电流流向短路点的总电流，$\dot{I}_{Ma}$、$\dot{I}_{Mb}$、$\dot{I}_{Mc}$ 及 $\dot{I}_{Na}$、$\dot{I}_{Nb}$、$\dot{I}_{Nc}$ 分别为系统 M 和 N 侧的支路电流，电压的正方向则规定由故障点的每相对地，如图 2-1 中 $\dot{U}_{ka}$、$\dot{U}_{kb}$、$\dot{U}_{kc}$ 所示。短路点 k 通常仅仅是一个"点"，图 2-1 中将短路点 k 的位置"放大"了，这是为了便于标注电流、电压的规定正方向和相量符号。

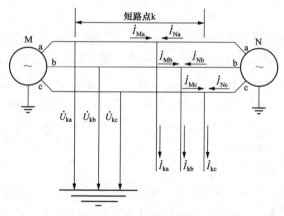

图 2-1　系统接线图

图 2-2 给出了与图 2-1 对应的三相等值网络图，其中，图 2-2（a）、(b)、(c) 反映了从短路点看进去的戴维南等值电动势，其值等于故障发生之前的故障点 a 相电压。当计算稳态时，网络中的电动势用稳态电动势；当计算暂态时，网络中的电动势用暂态电动势或次暂态电动势。

$Z_{1\Sigma}$、$Z_{2\Sigma}$、$Z_{0\Sigma}$ 又称为正序、负序、零序的短路点等值阻抗，当系统参数和短路点等值阻抗确定时，三者都是已知数。

不对称故障分析计算的基本步骤：

先计算出短路点处待求的正序、负序、零序电压和电流，即计算出图 2-2

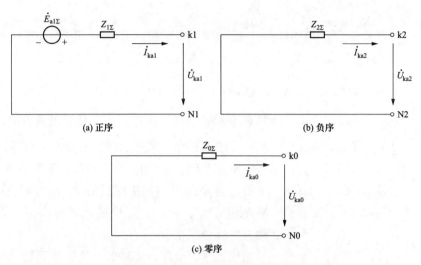

图 2-2　正、负、零序等值网络图

中的 $\dot{U}_{ka1}$、$\dot{U}_{ka2}$、$\dot{U}_{ka0}$ 和 $\dot{I}_{ka1}$、$\dot{I}_{ka2}$、$\dot{I}_{ka0}$，共六个未知数（实际上，最主要的待求电气量是 $\dot{I}_{ka1}$、$\dot{I}_{ka2}$、$\dot{I}_{ka0}$，共三个未知数）。

再利用图 2-2 (a)、(b)、(c) 的电路关系，进一步求出各支路或某一位置的电流、电压。

将三个对称分量进行合成，就可以求出所关心位置的三相电流和电压。

在计算出短路点的各对称分量电流 $\dot{I}_{ka1}$、$\dot{I}_{ka2}$、$\dot{I}_{ka0}$ 之后，可以将其当作电流源来对待，于是，在这三个短路点电流的单独作用〔即短接图 2-2 (a) 中的电压源 $\dot{E}_{Ma1}$ 和 $\dot{E}_{Na1}$〕下，由图 2-2 (a) (b)、(c) 可以得到：

$$
\left.
\begin{aligned}
\dot{I}_{Ma1} &= \frac{Z_{N1}}{Z_{M1} + Z_{N1}} I_{ka1} = \dot{C}_{M1} \dot{I}_{ka1} \\
\dot{I}_{Ma2} &= \frac{Z_{N2}}{Z_{M2} + Z_{N2}} I_{ka2} = \dot{C}_{M2} \dot{I}_{ka2} \\
\dot{I}_{Ma0} &= \frac{Z_{N0}}{Z_{M0} + Z_{N0}} I_{ka0} = \dot{C}_{M0} \dot{I}_{ka0}
\end{aligned}
\right\}
\tag{2-1}
$$

$$
\left.
\begin{aligned}
\dot{I}_{Na1} &= \frac{Z_{M1}}{Z_{M1} + Z_{N1}} I_{ka1} = \dot{C}_{N1} \dot{I}_{ka1} \\
\dot{I}_{Ma2} &= \frac{Z_{M2}}{Z_{M2} + Z_{N2}} I_{ka2} = \dot{C}_{N2} \dot{I}_{ka2} \\
\dot{I}_{Ma0} &= \frac{Z_{M0}}{Z_{M0} + Z_{N0}} I_{ka0} = \dot{C}_{N0} \dot{I}_{ka0}
\end{aligned}
\right\}
\tag{2-2}
$$

其中
$$C_{M1} = \frac{Z_{N1}}{Z_{M1} + Z_{N1}}, \ C_{M2} = \frac{Z_{N2}}{Z_{M2} + Z_{N2}}, \ C_{M0} = \frac{Z_{N0}}{Z_{M0} + Z_{N0}}$$

$$C_{N1} = \frac{Z_{M1}}{Z_{M1} + Z_{N1}}, \ C_{N2} = \frac{Z_{M2}}{Z_{M2} + Z_{N2}}, \ C_{N0} = \frac{Z_{M0}}{Z_{M0} + Z_{N0}}$$

$$C_{M1} + C_{N1} = 1, \ C_{M2} + C_{N2} = 1, \ C_{M0} + C_{N0} = 1$$

式中　　$\dot{I}_{Ma1}$、$\dot{I}_{Ma2}$、$\dot{I}_{Ma0}$——M 侧支路的正序、负序、零序故障电流分量；

$\dot{I}_{Na1}$、$\dot{I}_{Na2}$、$\dot{I}_{Na0}$——N 侧支路的正序、负序、零序故障电流分量；

Z_{M1}、Z_{M2}、Z_{M0}——从短路点 k 到 M 侧的正序、负序、零序阻抗；

Z_{N1}、Z_{N2}、Z_{N0}——从短路点 k 到 N 侧的正序、负序、零序阻抗；

C_{M1}、C_{M2}、C_{M0}——M 侧的正序、负序、零序的电流分布系数，也称为电流分配系数；

C_{N1}、C_{N2}、C_{N0}——N 侧的正序、负序、零序的电流分布系数，也称为电流分配系数。

另外，再由电动势 $\dot{E}_{Ma1}$ 和 $\dot{E}_{Na1}$ 单独作用于电路（将 3 个短路点的电流源开路），此时，所求解的电流就是各支路的负荷电流。于是，假设负荷电流的方向与 $\dot{I}_{Ma1}$ 相同时，有

$$I_{MaL} = \frac{\dot{E}_{Ma1} - \dot{E}_{Na1}}{Z_{M1} + Z_{N1}} \tag{2-3}$$

实际上，通过式（2-1）求解出来的 M 侧支路电流对应的是故障分量，再叠加上 M 侧支路的负荷电流 $\dot{I}_{MaL}$，就是 M 侧支路在故障后的测量电流；N 侧支路与此类似，即 M 侧支路与 N 侧支路的测量电流为

$$\left.\begin{array}{l} \dot{I}_{Ma} = (\dot{I}_{Ma1} + \dot{I}_{Ma2} + \dot{I}_{Ma0}) + \dot{I}_{MaL} \\ \dot{I}_{Na} = (\dot{I}_{Na1} + \dot{I}_{Na2} + \dot{I}_{Na0}) - \dot{I}_{MaL} \end{array}\right\} \tag{2-4}$$

各点的电压可以由电路之间的相互关系来求得。例如由图 2-3 所示正序网络之间的电路关系可以求出 m 点（如保护安装处）的正序电压 $\dot{U}_{ma1}$，如式（2-5）的第一行；m 点的负序电压 $\dot{U}_{ma2}$ 和零序电压 $\dot{U}_{ma0}$ 关系与此类似。

因此，有

$$\left.\begin{array}{l} \dot{U}_{ma1} = \dot{U}_{ka1} + Z_{k1} \dot{I}_{Ma1} \\ \dot{U}_{ma2} = \dot{U}_{ka2} + Z_{k2} \dot{I}_{Ma2} \\ \dot{U}_{ma0} = \dot{U}_{ka0} + Z_{k0} \dot{I}_{Ma0} \end{array}\right\}$$

或

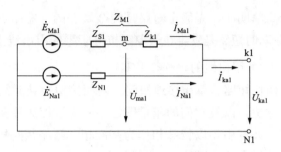

图 2-3 短路点两侧的正序网络图

$$\left.\begin{aligned}
\dot{U}_{ma1} &= \dot{E}_{Ma1} - \dot{I}_{Ma1} Z_{S1} \\
\dot{U}_{ma2} &= -\dot{I}_{Ma2} Z_{S2} \\
\dot{U}_{ma0} &= -\dot{I}_{Ma0} Z_{S0}
\end{aligned}\right\} \tag{2-5}$$

式中 $\dot{U}_{ma1}$、$\dot{U}_{ma2}$、$\dot{U}_{ma0}$——M 处的正序、负序、零序电压；

$\quad\quad$ Z_{k1}、Z_{k2}、Z_{k0}——短路点 k 到 m 处的正序、负序、零序阻抗；

$\quad\quad$ Z_{S1}、Z_{S2}、Z_{S0}——m 处到本侧地点位的正序、负序、零序阻抗，也称为 m 点处的系统序阻抗。

通过基本步骤和式（2-1）～式（2-5）可以知道，故障分析计算的关键是求出短路点支路电流、电压的三个对称分量，所以，本章将以图 2-2 (a)、（b）、（c）为主要分析对象，重点分析和计算短路点电气量。图 2-2 (a)、(b)、(c) 也称为基本序网络。由此，可以写出基本方程

$$\left.\begin{aligned}
\dot{U}_{ka1} &= \dot{E}_{a1\Sigma} - I_{ka1} Z_{1\Sigma} = \dot{U}_k^{(0)} - I_{ka1} Z_{1\Sigma} \\
\dot{U}_{ka2} &= -I_{ka2} Z_{2\Sigma} \\
\dot{U}_{ka0} &= -I_{ka0} Z_{0\Sigma}
\end{aligned}\right\} \tag{2-6}$$

其中，下标 k 表示短路点（短路支路）的电气量。

在进行输电线路的故障分析计算时，虽然旋转电机的正序阻抗与负序阻抗并不相等，但是，经过与系统、线路、变压器等参数的合成之后，旋转电机的序阻抗在总的序阻抗 $Z_{1\Sigma}$ 和 $Z_{2\Sigma}$ 中所占的比例较小，不相等程度大大降低，所以，在工程应用中，通常可以近似认为 $Z_{1\Sigma} = Z_{2\Sigma}$。

第二节 横向不对称故障的分析计算

本节详细讲述了两相短路、单相接地短路、两相接地短路时故障点的各序电流、电压的计算方法，以及它们的相量图绘制分为解析法和复合序网法。该章节属于本章的重点内容。

为了使分析简单明了，先假定短路是纯金属性的（短路点弧光电阻、接地电阻均为零），同时短路是发生在假象阻抗等于零的引出线上，即图 2-1 中标注 $\dot{I}_{ka}$、$\dot{I}_{kb}$、$\dot{I}_{kc}$ 的引出线的阻抗等于零。

本节将讨论两相短路、单相接地短路、两相接地短路时故障点的各序电流、电压的计算方法，以及它们的相量图绘制。为了使边界条件更简便、复合序网图更清晰，计算中均以特殊相作为基准相，两相相间短路、两相接地短路时以非故障相作为基准相。

顺便说明，三相短路属于对称故障，仅考虑正序网络即可，计算方法比较简单。

一、两相短路

如图 2-4 所示的系统接线，假定在 k 点发生 bc 两相短路，用符号 $k_{bc}^{(2)}$ 表示。短路点以相量表示的边界条件为

$$\left.\begin{array}{l} \dot{I}_{ka}=0 \\[4pt] \dot{I}_{kb}=-\dot{I}_{kc} \\[4pt] \dot{U}_{kb}=\dot{U}_{kc} \end{array}\right\} \tag{2-7}$$

将 $\dot{I}_{ka}=0$ 和 $\dot{I}_{kb}=-\dot{I}_{kc}$ 转换为以 a 相为基准的电流对称分量，有

$$\left.\begin{array}{l} \dot{I}_{ka0}=\dfrac{1}{3}(\dot{I}_{ka}+\dot{I}_{kb}+\dot{I}_{kc})=0 \\[8pt] \dot{I}_{ka1}=\dfrac{1}{3}(\dot{I}_{ka}+\alpha\dot{I}_{kb}+\alpha^2\dot{I}_{kc})=j\dfrac{1}{\sqrt{3}}\dot{I}_{kb} \\[8pt] \dot{I}_{ka2}=\dfrac{1}{3}(\dot{I}_{ka}+\alpha^2\dot{I}_{kb}+\alpha\dot{I}_{kc})=-j\dfrac{1}{\sqrt{3}}\dot{I}_{kb} \end{array}\right\} \tag{2-8}$$

可得

$$\dot{I}_{ka1}=-\dot{I}_{ka2} \tag{2-9}$$

同样，将 $\dot{U}_{kb}=\dot{U}_{kc}$ 转换成以 a 相为基准的电压对称分量，有

$$\left.\begin{array}{l} \dot{U}_{ka1}=\dfrac{1}{3}(\dot{U}_{ka}+\alpha\dot{U}_{kb}+\alpha^2\dot{U}_{kc})=\dfrac{1}{3}[\dot{U}_{ka}+(\alpha+\alpha^2)\dot{U}_{kb}] \\[8pt] \dot{U}_{ka2}=\dfrac{1}{3}(\dot{U}_{ka}+\alpha^2\dot{U}_{kb}+\alpha\dot{U}_{kc})=\dfrac{1}{3}[\dot{U}_{ka}+(\alpha+\alpha^2)\dot{U}_{kb}] \end{array}\right\} \tag{2-10}$$

可得

$$\dot{U}_{ka1}=\dot{U}_{ka2} \tag{2-11}$$

于是，在两相短路时，以 a 相序分量表示的三个边界条件归纳为

$$\left.\begin{array}{l} \dot{I}_{ka0}=0 \\[4pt] \dot{I}_{ka1}=-\dot{I}_{ka2} \\[4pt] \dot{U}_{ka1}=\dot{U}_{ka2} \end{array}\right\} \tag{2-12}$$

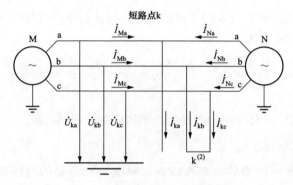

图 2-4 两相短路时的系统接线图

下面，分别用解析法和复合序网法求短路点电压、电流的序分量。

（一）解析法

序网的基本方程式，即式（2-6），以及边界条件方程式，即式（2-12），总共有六个独立方程，其中有六个未知数，联立求解，即可获得解答。

（1）根据式（2-12），有 $\dot{I}_{ka0}=0$，同时，考虑到中性点接地系统中的 $Z_{0\Sigma}$ 为有限值，所以，代入式（2-6）得 $\dot{U}_{ka0}=-\dot{I}_{ka0}Z_{0\Sigma}=0$。

（2）将式（2-12）中的 $\dot{U}_{ka1}=\dot{U}_{ka2}$ 关系式代入式（2-6）得

$$\dot{E}_{a1\Sigma}-Z_{1\Sigma}\dot{I}_{ka1}=-Z_{2\Sigma}\dot{I}_{ka2} \tag{2-13}$$

再考虑式（2-12）的 $\dot{I}_{ka1}=-\dot{I}_{ka2}$ 关系，整理得

$$\dot{I}_{ka1}=-\dot{I}_{ka2}=\frac{\dot{U}_{k}^{(0)}}{Z_{1\Sigma}+Z_{2\Sigma}} \tag{2-14}$$

（3）根据对称分量合成方法，可得故障点处的各相电流、电压为

$$\left.\begin{array}{l} \dot{I}_{ka}=\dot{I}_{ka1}+\dot{I}_{ka2}=0 \\[6pt] \dot{I}_{kb}=\alpha^2\dot{I}_{ka1}+\alpha\dot{I}_{ka2}=(\alpha^2-\alpha)\dot{I}_{ka1}=-j\sqrt{3}\dot{I}_{ka1} \\[6pt] \dot{I}_{kc}=\alpha\dot{I}_{ka}+\alpha^2\dot{I}_{ka2}=(\alpha-\alpha^2)\dot{I}_{ka1}=j\dfrac{1}{\sqrt{3}}\dot{I}_{ka1} \end{array}\right\} \tag{2-15}$$

$$\left.\begin{aligned}
\dot{U}_{ka} &= \dot{U}_{ka1} + \dot{U}_{ka2} = 2\dot{U}_{ka1} = 2\dot{I}_{ka1}Z_{2\Sigma} \ \text{或} \ \dot{U}_{ka} = E_{a1\Sigma} - \dot{I}_{ka1}(Z_{1\Sigma} - Z_{2\Sigma}) \\
\dot{U}_{kb} &= \alpha^2\dot{U}_{ka1} + \alpha\dot{U}_{ka2} = -\dot{U}_{ka1} = -\frac{1}{2}\dot{U}_{ka} \\
\dot{U}_{kc} &= \alpha\dot{U}_{ka1} + \alpha^2\dot{U}_{ka2} = -\dot{U}_{ka1} = -\frac{1}{2}\dot{U}_{ka}
\end{aligned}\right\}$$

$$(2\text{-}16)$$

当在远离发电机的地方发生两相短路时，可以认为整个系统的 $Z_{2\Sigma} = Z_{1\Sigma}$。于是，由式（2-15）可得

$$\dot{I}_{kb} = -\dot{I}_{kc} = -\mathrm{j}\sqrt{3}\,\frac{\dot{U}_k^{(0)}}{Z_{1\Sigma} + Z_{2\Sigma}} = -\mathrm{j}\frac{\sqrt{3}}{2}\frac{\dot{E}_{a1\Sigma}}{Z_{1\Sigma}} = -\mathrm{j}\frac{\sqrt{3}}{2}\dot{I}_{ka}^{(3)} \qquad (2\text{-}17)$$

其中，$\dot{I}_{ka}^{(3)} = \dfrac{\dot{E}_{a1\Sigma}}{Z_{1\Sigma}}$，是在同一点发生三相短路时的短路电流。

（二）复合序网法

在三个基本序网络的故障端口处，根据对称分量的边界条件进行联接，所构成对的网络称为复合序网。

图 2-4 所示系统的各序等值网络如图 2-5（a）所示。$\mathrm{k}_{bc}^{(2)}$ 相间故障时，$\dot{I}_{ka0} = 0$，所以，零序网络开路，复合序网只包括正序和负序网络。

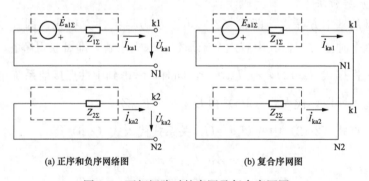

(a) 正序和负序网络图   (b) 复合序网图

图 2-5   两相短路时的序网及复合序网图

根据式（2-12），两相短路的对称分量边界条件为 $\dot{U}_{ka1} = \dot{U}_{ka2}$ 和 $\dot{I}_{ka1} = -\dot{I}_{ka2}$。于是，在完全满足边界条件的情况下，可以将图 2-5（a）中的正序和负序网络联接成如图 2-5（b）所示的复合序网。这样，复合序网就清晰地反映了各序电流、电压和阻抗之间的相互关系。通过图 2-5（b）所示的复合序网图，可以方便地求出短路处的各序电流和电压，即

$$\dot{I}_{ka1} = \frac{\dot{E}_{a1\Sigma}}{Z_{1\Sigma} + Z_{2\Sigma}} = -\dot{I}_{ka2} \qquad (2\text{-}18)$$

$$\dot{U}_{ka1}=\dot{U}_{ka2}=\frac{Z_{2\Sigma}}{Z_{1\Sigma}+Z_{2\Sigma}}\dot{E}_{a1\Sigma} \tag{2-19}$$

式（2-18）、式（2-19）与解析法计算的结果完全一样，这样，就解决了关键的短路处各序分量求解问题。

同理，在求出短路处的各序电流分量后，还可采用式（2-15）和式（2-16）的解析方法来求得故障点处的各相电流和电压。

两相短路时，短路点的电流、电压相量图如图 2-6 所示。图 2-6 中，假设 $\dot{I}_{ka1}$ 滞后 $\dot{U}_{ka1}$ 的相位角 $\varphi_k=90°$，即按纯感性电路。若电路部位纯感性，则电压的相量关系依然如图 2-6（b）所示，区别仅仅是 $\dot{U}_{ka1}$ 和 $\dot{I}_{ka1}$ 之间的角度不等于 $90°$。此时，由图 2-5（b）可得 $\dot{U}_{ka1}=Z_{2\Sigma}\dot{I}_{ka1}$，于是，$\dot{U}_{ka1}$ 和 $\dot{I}_{ka1}$ 之间的角度取决于 $Z_{2\Sigma}$ 的阻抗值。

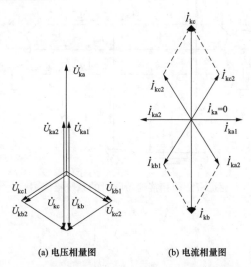

(a) 电压相量图　　　　　(b) 电流相量图

图 2-6　两相短路时短路处的电压电流相量图

由相量图可以求出各相的电流和电压。同时，从相量图也可以一目了然地看出三相电流、三相电压的相对大小，以及它们之间的相位关系。

从以上的分析计算可知，两相短路有以下几个基本的特点：

（1）短路电压、电流中不存在零序分量。

（2）两故障相中短路电流的绝对值相等，而方向相反，数值上为正序电流的 $\sqrt{3}$ 倍。

（3）当在远离发电机的地方（认为 $Z_{1\Sigma}=Z_{2\Sigma}$）发生两相短路时，其故障电流等于同一点三相短路电流的 $\dfrac{\sqrt{3}}{2}$ 倍。因此，可以通过对正序网络进行三相短路计算来求得两相短路的电流。

（4）如果在短路处增加一个附加阻抗 $Z_\Delta^2 = Z_{2\Sigma}$，再进行三相短路计算，那么，其值等于两相短路的正序电流。

（5）短路点的两故障相电压总是大小相等、相位相同，数值为非故障相电压的一半，但相位与非故障相电压相反。

二、单相接地短路

这是电力系统最常见的故障类型。单相接地短路时的系统接线如图 2-7 所示，假设 a 相发生金属性接地短路，用符号 $k_a^{(1)}$ 表示。短路点以相量表示的边界条件为

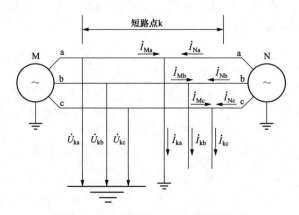

图 2-7　单相接地短路时的系统接线图

$$\left.\begin{array}{c} \dot{U}_{ka}=0 \\ \dot{I}_{kb}= \dot{I}_{kc}=0 \end{array}\right\} \tag{2-20}$$

转换成对称分量关系

$$\left.\begin{array}{c} \dot{I}_{ka0}= \dot{I}_{ka1}= \dot{I}_{ka2} \\ \dot{U}_{ka}= \dot{U}_{ka1}+ \dot{U}_{ka2}+ \dot{U}_{ka0}=0 \end{array}\right\} \tag{2-21}$$

根据故障点处的边界条件：三个序电流相等，三个序电压和等于零，于是，可以将三个序网络串联成一个复合序网，如图 2-8 所示。

由复合序网可求出故障点处的各序电流和电压

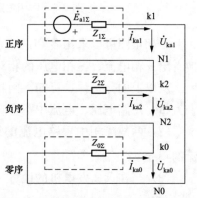

图 2-8　单相接地短路时的复合序网图

$$\dot{I}_{ka1} = \frac{\dot{E}_k^{(0)}}{Z_{1\Sigma} + Z_{2\Sigma} + Z_{0\Sigma}} = \dot{I}_{ka2} = \dot{I}_{ka0} \qquad (2\text{-}22)$$

$$\left.\begin{array}{c} \dot{U}_{ka1} = -(\dot{U}_{ka2} + \dot{U}_{ka0}) = \dot{I}_{ka1}(Z_{2\Sigma} + Z_{0\Sigma}) \\[6pt] \dot{U}_{ka1} = \dot{U}_k^{(0)} - \dot{I}_{ka1} Z_{1\Sigma} \\[6pt] \dot{U}_{ka2} = -\dot{I}_{ka2} Z_{2\Sigma} = -\dot{I}_{ka1} Z_{2\Sigma} \\[6pt] \dot{U}_{ka0} = -\dot{I}_{ka0} Z_{0\Sigma} = -\dot{I}_{ka1} Z_{0\Sigma} \end{array}\right\} \qquad (2\text{-}23)$$

或

其中，$\dot{U}_k^{(0)} = E_{a1\Sigma}$，下同。

短路点的各序功率为

$$\dot{S}_{k(s)} = \dot{U}_{k(s)} \dot{I}_{k(s)} \qquad (s = 1,2,0) \qquad (2\text{-}24)$$

根据对称分量的合成公式，可得各相电流、电压为

$$\left.\begin{array}{c} \dot{I}_{ka} = \dot{I}_{ka1} + \dot{I}_{ka2} + \dot{I}_{ka0} = 3\dot{I}_{ka1} = 3\dot{I}_{ka2} = 3\dot{I}_{ka0} \\[6pt] \dot{I}_{kb} = (\alpha^2 + \alpha + 1)\dot{I}_{ka1} = \dot{I}_{kc} = 0 \end{array}\right\} \qquad (2\text{-}25)$$

$$\left.\begin{array}{c} \dot{U}_{ka} = \dot{U}_{ka1} + \dot{U}_{ka2} + \dot{U}_{ka0} = 0 \\[6pt] \dot{U}_{kb} = \alpha^2 \dot{U}_{ka1} + \alpha \dot{U}_{ka2} + \dot{U}_{ka0} = \dot{I}_{ka1}[(\alpha^2 - \alpha)Z_{2\Sigma} + (\alpha^2 - 1)]Z_{0\Sigma} \\[6pt] \dot{U}_{kc} = \alpha \dot{U}_{ka1} + \alpha^2 \dot{U}_{ka2} + \dot{U}_{ka0} = \dot{I}_{ka1}[(\alpha - \alpha^2)Z_{2\Sigma} + (\alpha - 1)]Z_{0\Sigma} \end{array}\right\} \qquad (2\text{-}26)$$

另外，由式（2-26）可得

$$\frac{\dot{U}_{kb}}{\dot{U}_{kc}} = \frac{(\alpha^2 - \alpha) + (\alpha^2 - 1)\dfrac{Z_{0\Sigma}}{Z_{2\Sigma}}}{(\alpha - \alpha^2) + (\alpha - 1)\dfrac{Z_{0\Sigma}}{Z_{2\Sigma}}} = \frac{-j + \dfrac{Z_{0\Sigma}}{Z_{2\Sigma}}e^{-j150°}}{j + \dfrac{Z_{0\Sigma}}{Z_{2\Sigma}}e^{j150°}} = Me^{j\theta_U} \qquad (2\text{-}27)$$

由此说明，两个非故障相电压的幅值比 M、相位差 θ_U 均与 $Z_{0\Sigma}/Z_{2\Sigma}$ 的值有关。a 相接地时，短路点的电压、电流相量图如图 2-9 所示，该图是根据电路为纯电感的情况绘制的。其中，图 2-9（a）对应的是 $|Z_{0\Sigma}| > |Z_{2\Sigma}|$ 的情况，$\dot{U}_{kb}$ 与 $\dot{U}_{kc}$ 的相位差小于 $120°$；若 $|Z_{0\Sigma}| < |Z_{2\Sigma}|$，则 $\dot{U}_{kb}$ 与 $\dot{U}_{kc}$ 的相位差大于 $120°$。当电路不是纯电感时，电流之间的相量关系仍然如图 2-9（b）所示，区别仅仅是 $\dot{U}_{ka1}$ 和 $\dot{I}_{ka1}$ 之间的角度不等于 $90°$，此时，由图 2-8 可得 $\dot{U}_{ka1} = (Z_{2\Sigma} + Z_{0\Sigma})\dot{I}_{ka1}$，于是，$\dot{U}_{ka1}$ 和 $\dot{I}_{ka1}$ 之间的角度取决于 $Z_{2\Sigma} + Z_{0\Sigma}$ 的阻抗角。

从以上的分析计算可知，单相接地短路有以下基本特点：

（1）短路处出现了零序分量。

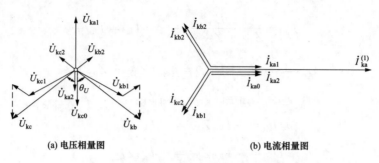

(a) 电压相量图   (b) 电流相量图

图 2-9　单相接地短路处的电压电流相量图

（2）短路点故障相中的各序电流大小相等、方向相同，故障相中的电流 $\dot{I}_{ka}^{(1)}=3\dot{I}_{ka1}=3\dot{I}_{ka2}=3\dot{I}_{ka0}$，而两个非故障相中的电流均等于零。

（3）短路点正序电流的大小与在短路点原正序网络上增加一个附加阻抗 $Z_{\Delta}^{(2)}=Z_{2\Sigma}+Z_{0\Sigma}$ 而发生三相短路时的电流相等。

（4）短路点故障相的电压等于零，而两个非故障相电压的幅值总相等。

（5）两个非故障相电压间的相位差为 θ_U。它的大小取决于 $Z_{0\Sigma}/Z_{2\Sigma}$ 的值。假定 $Z_{2\Sigma}$ 和 $Z_{0\Sigma}$ 的阻抗角相等，当 $Z_{0\Sigma}/Z_{2\Sigma}$ 的值在 $0\rightarrow\infty$ 范围内变化时，θ_U 的变化范围为 $60°\leqslant\theta_U<180°$，$60°$ 对应 $Z_{0\Sigma}/Z_{2\Sigma}$ 的值为 ∞ 的情况，$180°$ 对应 $Z_{0\Sigma}/Z_{2\Sigma}$ 的值为零的情况。

三、两相接地短路

系统接线如图 2-10 所示。假设 bc 两相接地短路，用符号 $k_{bc}^{(1,1)}$ 表示。短路处以相量表示的边界条件为

$$\left.\begin{array}{l} \dot{I}_{ka}=0 \\ \dot{U}_{kb}=\dot{U}_{kc}=0 \end{array}\right\} \tag{2-28}$$

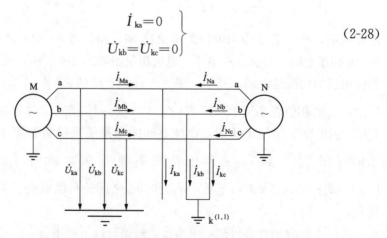

图 2-10　两相接地短路时的系统接线图

转换成对称分量关系

$$\left.\begin{array}{l} \dot{I}_{ka1}+\dot{I}_{ka1}+\dot{I}_{ka2}=0 \\ \dot{U}_{ka1}=\dot{U}_{ka2}=\dot{U}_{ka0}=\dfrac{1}{3}\dot{U}_{ka} \end{array}\right\} \qquad (2\text{-}29)$$

由式（2-29）可知，短路点的各序电压相等，而各序电流之和等于零。于是，将图 2-10 所对应的三个序网络按上述条件可组成如图 2-11 所示的复合序网图。

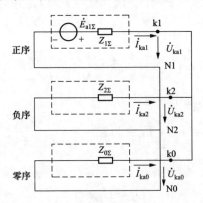

图 2-11 两相接地短路复合序网图

由复合序网可求得各序的电气量如下

$$\left.\begin{array}{l} \dot{I}_{ka1}=\dfrac{\dot{U}_{k}^{(0)}}{Z_{1\Sigma}+\dfrac{Z_{2\Sigma}Z_{0\Sigma}}{Z_{2\Sigma}+Z_{0\Sigma}}} \\[4mm] \dot{I}_{ka2}=-\dfrac{Z_{0\Sigma}}{Z_{2\Sigma}+Z_{0\Sigma}}\dot{I}_{ka1} \\[4mm] \dot{I}_{ka0}=-\dfrac{Z_{2\Sigma}}{Z_{2\Sigma}+Z_{0\Sigma}}\dot{I}_{ka1} \end{array}\right\} \qquad (2\text{-}30)$$

$$\dot{U}_{ka1}=\dot{U}_{ka2}=\dot{U}_{ka0}=\dot{I}_{ka1}\dfrac{Z_{2\Sigma}Z_{0\Sigma}}{Z_{2\Sigma}+Z_{0\Sigma}} \qquad (2\text{-}31)$$

$$\dot{S}_{k(s)}=\dot{U}_{k(s)}\dot{I}_{k(s)} \qquad (s=1,2,0) \qquad (2\text{-}32)$$

各序分量求出来以后，根据对称分量合成方法可求出短路处的各相电气量

$$\left.\begin{array}{l} \dot{I}_{ka}=\dot{I}_{ka1}+\dot{I}_{ka2}+\dot{I}_{ka0}=0 \\[2mm] \dot{I}_{kb}=\alpha^{2}\dot{I}_{ka1}+\alpha\dot{I}_{ka2}+\dot{I}_{ka0}=\left(\alpha^{2}-\dfrac{Z_{2\Sigma}+\alpha Z_{0\Sigma}}{Z_{2\Sigma}+Z_{0\Sigma}}\right)\dot{I}_{ka1} \\[4mm] \dot{I}_{kc}=\alpha\dot{I}_{ka}+\alpha^{2}\dot{I}_{ka2}+\dot{I}_{ka0}=\left(\alpha-\dfrac{Z_{2\Sigma}+\alpha^{2}Z_{0\Sigma}}{Z_{2\Sigma}+Z_{0\Sigma}}\right)\dot{I}_{ka1} \end{array}\right\} \qquad (2\text{-}33)$$

当 $Z_{1\Sigma}$、$Z_{2\Sigma}$、$Z_{0\Sigma}$ 的阻抗角相等或为纯阻抗时，两故障相电流为

$$\left.\begin{aligned}\dot{I}_{kb}&=\left(\alpha^2-\frac{Z_{2\Sigma}+\alpha Z_{0\Sigma}}{Z_{2\Sigma}+Z_{0\Sigma}}\right)\dot{I}_{ka1}\\ \dot{I}_{kc}&=\left(\alpha-\frac{Z_{2\Sigma}+\alpha^2 Z_{0\Sigma}}{Z_{2\Sigma}+Z_{0\Sigma}}\right)\dot{I}_{ka1}\end{aligned}\right\} \quad(2\text{-}34)$$

将 $\alpha=-\dfrac{1}{2}+\mathrm{j}\dfrac{\sqrt{3}}{2}$，$\alpha^2=-\dfrac{1}{2}-\mathrm{j}\dfrac{\sqrt{3}}{2}$ 代入式（2-34），并对其两端取绝对值，经整理后得

$$|\dot{I}_{kb}|=|\dot{I}_{kc}|=|\dot{I}_k^{(1,1)}|=\sqrt{3}\times\sqrt{1-\frac{Z_{2\Sigma}Z_{0\Sigma}}{(Z_{2\Sigma}+Z_{0\Sigma})^2}}|\dot{I}_{ka1}| \quad(2\text{-}35)$$

两相接地短路时，流入地中的电流为

$$\dot{I}_g=\dot{I}_{kb}=\dot{I}_{kc}=3\dot{I}_{ka0}=-3\frac{Z_{2\Sigma}}{Z_{2\Sigma}+Z_{0\Sigma}} \quad(2\text{-}36)$$

故障点处的各相电压为

$$\left.\begin{aligned}\dot{U}_{kb}&=\dot{U}_{kc}=0\\ \dot{U}_{ka}&=\dot{U}_{ka1}+\dot{U}_{ka2}+\dot{U}_{ka0}=3\dot{U}_{ka1}=3\dot{U}_{ka2}=3\dot{U}_{ka0}\end{aligned}\right\} \quad(2\text{-}37)$$

两相接地短路时，短路处的电流、电压相量图如图 2-12 所示。相量图是按电路为纯电感的情况画出的。其中，图 2-12（b）对应的是 $Z_{0\Sigma}<Z_{2\Sigma}$ 的情况，$\dot{I}_{kb}$ 与 $\dot{I}_{kc}$ 的相位差小于 120°；若 $Z_{0\Sigma}>Z_{2\Sigma}$，则 $\dot{I}_{kb}$ 与 $\dot{I}_{kc}$ 的相位差大于 120°。当电路不是纯电感时，电压之间的相量关系依然如图 2-12（a）所示，区别仅仅是图 2-12（b）中 $\dot{I}_{ka}$ 滞后 $\dot{U}_{ka}$ 的角度不是 90°。此时，由图 2-12 可得 $\dot{U}_{ka1}=(Z_{2\Sigma}/\!/Z_{0\Sigma})\dot{I}_{ka1}$，于是，$\dot{I}_{ka}$ 滞后 $\dot{U}_{ka}$ 的角度将由 $Z_{2\Sigma}$ 并联 $Z_{0\Sigma}$ 的阻抗角来决定。

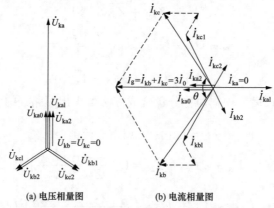

(a) 电压相量图   (b) 电流相量图

图 2-12　两相接地短路处的电压电流相量图

由以上分析可知，两相接地短路有以下几个基本特点：

（1）短路处出现了零序分量。

（2）两故障相电流的幅值总相等。

（3）随着 $Z_{0\Sigma}/Z_{2\Sigma}$ 由 0 变到 ∞ 时，两故障相电流之间的夹角 θ_I 由 $60°$ 变到 $180°$。

（4）流入地中的电流 $\dot{I}_g$ 等于故障相电流之和，大小由式（2-36）确定。

（5）短路处的正序电流与在原正序网络上增加一个附加阻抗 $Z_{\Delta}^{(1,1)} = Z_{2\Sigma}\,/\!/\,Z_{0\Sigma}$ 后而发生三相短路时的短路电流相等。

四、结论

综合以上的分析计算，可得以下结论。

在求解各种不对称故障时，正序电流分量可用一个通用公式来表示，即

$$\dot{I}_{ka1}^{(n)}=\frac{\dot{U}_{k}^{(0)}}{Z_{1\Sigma}+Z_{\Delta}^{(n)}}=\frac{\dot{E}_{a1\Sigma}}{Z_{1\Sigma}+Z_{\Delta}^{(n)}} \tag{2-38}$$

式中　$\dot{E}_{a1\Sigma}$——故障发生之前的故障点 a 相（基准相）电动势；

$Z_{1\Sigma}$——故障点的正序等值阻抗；

$Z_{\Delta}^{(n)}$——与短路点有关的附加阻抗，对应不同的短路类型，$Z_{\Delta}^{(n)}$ 的数值见表 2-1。

式（2-38）表明，在简单不对称短路时，短路点的正序电流分量 $\dot{I}_{ka1}$ 与在短路点每相中增加一个附加阻抗 $Z_{\Delta}^{(n)}$ 而发生三相短路时的电流相等，这一法则称为正序等效定则。

求解出正序电流分量之后，可以很容易地由复合序网图获得负序电流分量和零序电流分量。

短路点故障相电流的绝对值总是和短路点的正序电流成正比，可表示为

$$\dot{I}_{k}^{(n)}=m^{(n)}\,\dot{I}_{k1}^{(n)} \tag{2-39}$$

式中　$m^{(n)}$——比例系数，对于不同的短路类型具有不同的数值，见表 2-1；

$\dot{I}_{k1}^{(n)}$——对应不同短路类型时，故障点的正序电流，其算式见表 2-1。

表 2-1　　　　　　对应不同短路类型时的 $\dot{I}_{k}^{(n)}$、$Z_{\Delta}^{(n)}$、$m^{(n)}$ 值

短路类型 $k^{(n)}$	$\dot{I}_{k}^{(n)}$	$Z_{\Delta}^{(n)}$	$m^{(n)}$
三相短路 $k^{(3)}$	$\dot{I}_{k1}^{(2)}=\dfrac{\dot{E}_{a1\Sigma}}{Z_{1\Sigma}}$	0	1
两相短路 $k^{(2)}$	$\dot{I}_{k1}^{(2)}=\dfrac{\dot{E}_{a1\Sigma}}{Z_{1\Sigma}+Z_{2\Sigma}}$	$Z_{2\Sigma}$	$\sqrt{3}$

续表

短路类型 $k^{(n)}$	$\dot{I}_k^{(n)}$	$Z_\Delta^{(n)}$	$m^{(n)}$
单相接地短路 $k^{(1)}$	$\dot{I}_{k1}^{(1)} = \dfrac{\dot{E}_{a1\Sigma}}{Z_{1\Sigma} + Z_{2\Sigma} + Z_{0\Sigma}}$	$Z_{2\Sigma} + Z_{0\Sigma}$	3
两相接地短路 $k^{(1,1)}$	$\dot{I}_{k1}^{(1,1)} = \dfrac{\dot{E}_{a1\Sigma}}{Z_{1\Sigma} + \dfrac{Z_{2\Sigma} Z_{0\Sigma}}{Z_{2\Sigma} + Z_{0\Sigma}}}$	$\dfrac{Z_{2\Sigma} Z_{0\Sigma}}{Z_{2\Sigma} + Z_{0\Sigma}}$	$\sqrt{3} \times \sqrt{1 - \dfrac{Z_{2\Sigma} Z_{0\Sigma}}{(Z_{2\Sigma} + Z_{0\Sigma})^2}}$

1. 关于基准相的选择

应用对称分量法进行计算时，需要选择一个基准相。在以上三种简单不对称短路的分析计算中，都选 a 相作为基准相，可以直接应用对称分量法的基本公式进行计算，计算较简单；一般在简单不对称故障的计算中，一般选故障时故障处三相中的特殊相作为基准相。特殊相指的是故障处与另两相情况不同的那一相。所以单相接地短路选故障相为特殊相，两相短路和两相接地短路选非故障相为特殊相。

选特殊相为基准相后，同一类型短路故障发生在不同相上时，基准相的序分量边界条件不会改变，于是复合序网的形式不变且最简单，前述的计算公式、结论不会改变，只是表达式中下角符号改变而已。例如，当单相接地短路不是发生在 a 相，而是发生在 b 相上时，此时 b 相为特殊相，按前述原则，选 b 相为基准相时，以序分量表示的边界条件为

$$\dot{I}_{kb1} = \dot{I}_{kb2} = \dot{I}_{kb0}, \quad \dot{U}_{kb1} + \dot{U}_{kb2} + \dot{U}_{kb0} = 0 \tag{2-40}$$

可见，边界条件的形式及根据边界条件所联接成的复合序网，同 a 相接地短路时的形式一样。这样，只要前述的 a 相接地短路计算公式中的下角变一下，就可直接应用，因此计算起来很方便。

若仍选 a 相作为基准相，则 b 相接地短路时的序分量边界条件方程为

$$\alpha^2 \dot{I}_{ka1} = \alpha \dot{I}_{ka2} = \dot{I}_{ka0}, \quad \alpha^2 \dot{U}_{ka1} + \alpha \dot{U}_{ka2} + \dot{U}_{ka0} = 0 \tag{2-41}$$

式（2-41）的边界条件方程中出现了算子 α 和 α^2，这使算式和复合序网的联接要复杂化，即各序网之间需用带移项的互感器联接，从而给计算带来不便。

2. 复合序网的类型

由以上讨论的三种短路时复合序网图可以看出，单相接地短路时的复合序网是按三个序电压之和等于零及三个序电流相等的边界条件，由三个独立的序网络相串联而成的，所以常称这种故障为串联型故障；两相接地短路（或两相短路）时复合序网是按三个（或两个）序电流之和等于零及三个（或两个）序电压相等的边界条件，由各独立序网络并联而成的，所以称这种故障为并联型故障。

第三节　短路点经过渡阻抗短路时
横向不对称故障的分析计算

本节主要按照三种不同情况讲述了两相经过渡阻抗短路、经过渡阻抗单相接地短路、两相短路又经过渡阻抗接地的内容，又说明了经过渡阻抗短路的一般形式。

以上的分析计算是针对金属性短路的。但实际的电力系统往往是经过渡阻抗短路的，过渡阻抗包括电弧的、接触物的阻抗等。

一、两相经过渡阻抗短路

假定电力系统在 k 点发生 bc 相经过渡阻抗的短路故障，如图 2-13（a）所示，主要是弧光电阻。这时故障点的边界条件为

$$\left.\begin{array}{l} \dot{I}_{ka}=0，\quad \dot{I}_{kb}=-\dot{I}_{kc} \\ \dot{U}_{kb}-\dot{U}_{kc}=\dot{I}_{kb}Z_f \end{array}\right\} \tag{2-42}$$

将式（2-42）转换为对称分量表示时可得

$$\left.\begin{array}{l} \dot{I}_{k0}=0，\quad \dot{I}_{ka1}=-\dot{I}_{ka2} \\ \dot{U}_{ka1}-\dot{U}_{ka2}=\dot{I}_{ka1}Z_f \end{array}\right\} \tag{2-43}$$

根据式（2-43）的边界条件组成的复合序网如图 2-13（b）所示。

由复合序网求出

$$I_{ka1}=-\dot{I}_{ka2}=\frac{\dot{E}_{a1\Sigma}}{Z_{1\Sigma}+Z_{2\Sigma}+Z_f} \tag{2-44}$$

$$\left.\begin{array}{l} \dot{U}_{ka2}=-\dot{I}_{ka2}Z_{2\Sigma}=\dot{I}_{ka1}Z_{2\Sigma} \\ \dot{U}_{ka1}=\dot{U}_{ka2}+\dot{I}_{ka1}Z_f=\dot{I}_{ka1}(Z_{2\Sigma}+Z_f) \end{array}\right\} \tag{2-45}$$

各序分量求出来以后，其他电气量也就容易求出，此处不再一一列出。

如果将图 2-13（a）等值变换为图 2-14（a）的形式，就可将在 k′ 点和 k 点之间经变换后已对称的三相参数 $\dfrac{Z_f}{2}$ 与原系统一起，作为基本序网络的一部分统一处理，这样在 k 点发生的经过渡阻抗 Z_f 的两相短路便可等值地看成在 k′ 点发生的两相金属性短路。写出图 2-14（a）在 k′ 点 bc 两相金属性短路的边界条件为

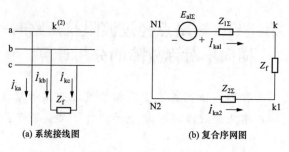

(a) 系统接线图　　　　　　(b) 复合序网图

图 2-13　短路点 bc 两相经过渡阻抗 Z_f 短路

$$\left.\begin{array}{l} \dot{I}_{ka}=0,\ \dot{I}_{kb}=-\dot{I}_{kc} \\ \dot{U}_{k'b}=\dot{U}_{k'c} \end{array}\right\} \tag{2-46}$$

过渡阻抗 Z_f 的影响不改变原有序网络的结构。由图 2-14（b）看出，$\dfrac{Z_f}{2}$ 均接在原有正序网络和负序网络之外，因此，过渡阻抗不影响原序网络中各电气量的相对关系。

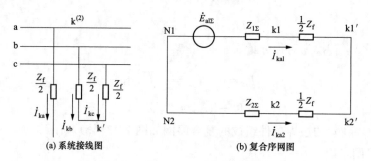

(a) 系统接线图　　　　　　(b) 复合序网图

图 2-14　图 2-13 所示短路的等效形式

二、经过渡阻抗单相接地短路

如图 2-15（a）所示的电力系统，假定在 k 点发生 a 相经过渡阻抗 Z_g 的接地短路，Z_g 除弧光电阻外，还有过渡物的电阻。单相接地短路时的过渡阻抗要比相间短路的过渡阻抗大，影响也较严重。此时，短路点的边界条件为

$$\dot{I}_{kb}=0,\ \dot{I}_{kc}=0,\ \dot{U}_{ka}=\dot{I}_{ka}Z_g \tag{2-47}$$

转换为对称分量关系

$$\left.\begin{array}{l} \dot{I}_{ka1}=\dot{I}_{ka2}=\dot{I}_{ka0} \\ \dot{U}_{ka1}+\dot{U}_{ka2}+\dot{U}_{ka0}=(\dot{I}_{ka1}+\dot{I}_{ka2}+\dot{I}_{ka0})Z_g=3\dot{I}_{ka1}Z_g \end{array}\right\} \tag{2-48}$$

根据式（2-48）所表明的边界条件，可组成如图 2-15（b）所示的复合序网，由复合序网求得

$$\dot{I}_{ka1} = \dot{I}_{ka2} = \dot{I}_{ka0} = \frac{\dot{E}_{a1\Sigma}}{Z_{1\Sigma} + Z_{2\Sigma} + Z_{0\Sigma} + 3Z_{g}} \tag{2-49}$$

$$\left.\begin{array}{l} \dot{U}_{ka1} = \dot{E}_{a1\Sigma} - \dot{I}_{ka1} Z_{1\Sigma} = \dot{I}_{ka1}(Z_{2\Sigma} + Z_{0\Sigma} + 3Z_{g}) \\[2mm] \dot{U}_{ka2} = -\dot{I}_{ka2} Z_{2\Sigma} = -\dot{I}_{ka1} Z_{2\Sigma} \\[2mm] \dot{U}_{ka0} = -\dot{I}_{ka0} Z_{0\Sigma} = -\dot{I}_{ka1} Z_{0\Sigma} \end{array}\right\} \tag{2-50}$$

各序分量求出以后，其他各相电气量也就可以方便地求出。

若将图 2-15 等值变换为图 2-16（a）的形式，就可将在 k' 点和 k 点之间经变换已对称的三相参数 Z_{g} 与原系统一起，作为基本序网的一部分统一处理，这样，就可以把在 k 点经过渡阻抗 Z_{g} 发生的单相接地短路，等效地看成是在 k' 点发生的单相金属性接地短路。写出图 2-16（a）在 k' 点 a 相接地短路的边界条件为

$$\dot{U}_{k'a} = 0, \quad \dot{I}_{kb} = \dot{I}_{kc} = 0 \tag{2-51}$$

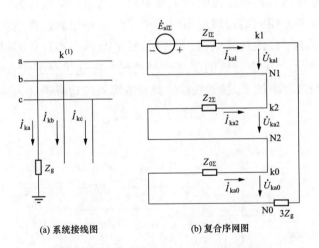

(a) 系统接线图 (b) 复合序网图

图 2-15 短路点 a 相经过渡阻抗 Z_{g} 短路

与式（2-49）相同，所以 k 点 a 相经 Z_{g} 的接地短路的复合序网是 k' 点的正序、负序、零序网络串联，如图 2-16（b）所示，显然它与图 2-15（b）所示的复合序网也是完全等效的。Z_{g} 不影响原序网络的结构，因为 Z_{g} 在原序网络之外。因此，过渡阻抗 Z_{g} 不影响原序网络中各电气量的相对关系。

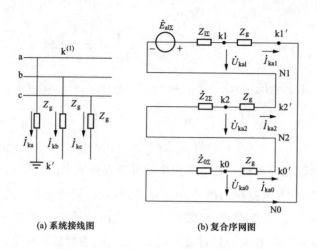

(a) 系统接线图   (b) 复合序网图

图 2-16 图 2-15 所示短路的等值形式

三、两相短路又经过渡阻抗接地

两相接地短路的相间过渡阻抗主要是弧光电阻,接地过渡阻抗主要是过渡物电阻。在考虑相间的过渡电阻时,可以认为每相的过渡电阻相等。但相间过渡电阻远小于接地过渡电阻,所以一般情况下可不计相间过渡电阻,如图 2-17 (a) 所示,下面分析的就是这种情况。在这里是假定在 k 点发生 bc 相短接后又经过渡阻抗 Z_g 接地短路,此时故障点的边界条件为

$$\dot{I}_{ka}=0,\ \dot{U}_{kb}=\dot{U}_{kc},\ \dot{U}_{kb}=(\dot{I}_{kb}+\dot{I}_{kc})Z_g \tag{2-52}$$

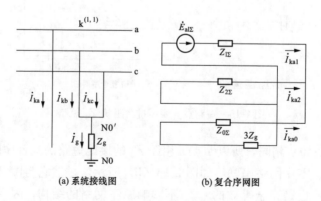

(a) 系统接线图   (b) 复合序网图

图 2-17 两相短路又经过渡阻抗接地

转换为对称分量的关系

$$\left.\begin{array}{c} \dot{I}_{ka1}+\dot{I}_{ka2}+\dot{I}_{ka0}=0 \\[4pt] \dot{U}_{ka1}=\dot{U}_{ka2} \\[4pt] \dot{U}_{ka0}-\dot{U}_{ka1}=3\dot{I}_{ka0}Z_g \end{array}\right\} \qquad (2\text{-}53)$$

式（2-53）说明故障点的零序网络串联，再与正序、负序网络并联，即得其复合序网，如图 2-17（b）所示。

由复合序网求得

$$\left.\begin{array}{l} \dot{I}_{ka1}=-\dfrac{\dot{E}_{a1\Sigma}}{Z_{1\Sigma}+\dfrac{Z_{2\Sigma}(Z_{0\Sigma}+3Z_g)}{Z_{2\Sigma}+Z_{0\Sigma}+3Z_g}} \\[24pt] \dot{I}_{ka2}=-\dfrac{Z_{0\Sigma}+3Z_g}{Z_{2\Sigma}+Z_{0\Sigma}+3Z_g}\dot{I}_{ka1} \\[18pt] \dot{I}_{ka0}=-\dfrac{Z_{2\Sigma}}{Z_{2\Sigma}+Z_{0\Sigma}+3Z_g}\dot{I}_{ka1} \end{array}\right\} \qquad (2\text{-}54)$$

还可由复合序网求出各序电压，在此基础上其他电气量也就容易求得了。

同样若将图 2-17（a）等值地变换为图 2-18 的形式，则便可把在 k 点对 N0 发生的 bc 短接后同时又经 Z_g 的接地短路，等值地看成是在 k 和 N0′之间所发生的两相金属性接地短路。所对应的复合序网仍如 2-18（b）所示。但从变换后的等值电路求其复合序网，则更为简单、直观。

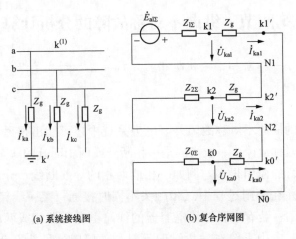

(a) 系统接线图　　　　　　(b) 复合序网图

图 2-18　图 2-17 所示短路的等值形式

四、经过渡阻抗短路的一般形式

上面分析了几种典型的经过渡阻抗短路的故障形式，作为短路点经过渡阻抗短路的一般形式可用图 2-19 表示。从短路点 k 向系统方向看，如前述，可得出如式（2-55）所示的三个独立序网络；从短路点 k 向过阻抗方向看，可得出三个边界条件方程

$$\left.\begin{aligned}
\dot{U}_{ka} &= \dot{I}_{ka}Z_a + (\dot{I}_{ka} + \dot{I}_{kb} + \dot{I}_{kc})Z_g = \dot{I}_{ka}Z_a + 3\dot{I}_{k0}Z_g \\
\dot{U}_{kb} &= \dot{I}_{kb}Z_b + (\dot{I}_{ka} + \dot{I}_{kb} + \dot{I}_{kc})Z_g = \dot{I}_{kb}Z_b + 3\dot{I}_{k0}Z_g \\
\dot{U}_{kc} &= \dot{I}_{kc}Z_c + (\dot{I}_{ka} + \dot{I}_{ab} + \dot{I}_{kc})Z_g = \dot{I}_{kc}Z_c + 3\dot{I}_{k0}Z_g
\end{aligned}\right\} \quad (2\text{-}55)$$

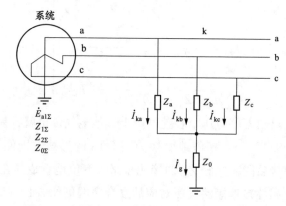

图 2-19　短路点经过渡阻抗短路时的一般接线图

第四节　纵向不对称故障的分析计算

本节讲述了一相断相、两相断相的分析计算，删减了纵向不对称故障的一般形式。

除了前述的横向不对称故障外，电力系统中还可能出现另一种形式的故障——纵向不对称故障，一般指的是一相断开或两相断开的非全相运行状态。造成非全相运行的原因很多，例如一相或两相的导线断线；分相检修线路或开关设备；开并在合闸过程中三相触头不同时接通；某一线路单相接地后，故障相开关跳闸；装有串联补偿电容器的线路上电容器相或两相击穿及三相参数不平衡等。电力系统在发生纵向不对称故障时，虽然不会引起过电压，一般也不会引起大电流（非全相运行伴随振荡情况除外），但是系统中要产生

具有不利影响的负序和零序分量。当负序电流流过发电机时，危及发电机转子，造成转子过热和绝缘损坏，影响发电机出力；零序电流的出现会对附近通信系统产生干扰。另外，电力系统非全相运行产生的负序分量和零序分量，会对反应负序或零序分量的继电保护装置产生影响，要考虑是否会发生误动作。为了便于采取必要的措施以处理和解决上述诸类问题，就需要对纵向故障进行分析计算。

纵向不对称故障可用图 2-20 进行分析，F、F' 处发生了一相或两相断开。由图中可以看出，在断线端口 F、F' 之间出现了三相不对称的电压 ΔU_a、ΔU_b 和 ΔU_c，为了便于分析，常将这三相不对称的电压用在 F、F' 两点间串入的一组不对称电动势来代替，如图 2-21 所示。应用对称分量法和叠加定理，从端口 F、F' 看电力系统的其余部分是三相对称的，所以可用三个独立的序网来代表，如图 2-22 所示。

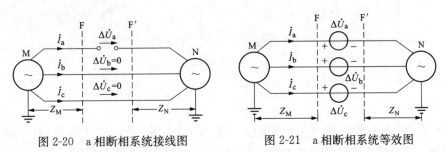

图 2-20 a相断相系统接线图　　　图 2-21 a相断相系统等效图

从图 2-22 中的简化网络可得以 a 相为基准相表示的以下关系式

$$\left.\begin{array}{l} \Delta \dot{U}_{a1} = \dot{E}_{a1\Sigma} - \dot{I}_{a1} Z_{1\Sigma} \\[2mm] \Delta \dot{U}_{a2} = - \dot{I}_{a2} Z_{2\Sigma} \\[2mm] \Delta \dot{U}_{a0} = - \dot{I}_{a0} Z_{0\Sigma} \end{array}\right\} \tag{2-56}$$

其中，$\dot{E}_{a1\Sigma}$、$Z_{1\Sigma}$、$Z_{2\Sigma}$、$Z_{0\Sigma}$ 是根据戴维南定理从故障端口 FF' 看到的等效电动势和各序等效阻抗，其表达式为

$$E_{a1\Sigma} = \dot{E}_{aM} - \dot{E}_{aN} = \Delta E \underline{/\delta} \tag{2-57}$$

$$Z_{1\Sigma} = Z_{M1} + Z_{N1}, \; Z_{2\Sigma} = 2_{M2} + Z_{N2}, \; Z_{0\Sigma} = Z_{M0} + Z_{N0} \tag{2-58}$$

由式 (2-56) 可以看出，它和横向不对称故障时的三个序网基本方程式 (2-1) 从形式上看是相似的，但是实质却有差别。横向故障时端口电压是网络中的故障节点 k 和公共参考点 N（地节点）之间的电压，而纵向不对称故障时的端口电压则是网络中的两个独立节点 F、F' 之间的电压，故用 $\Delta \dot{U}$ 表示。同时参数的计算方法也有差异。

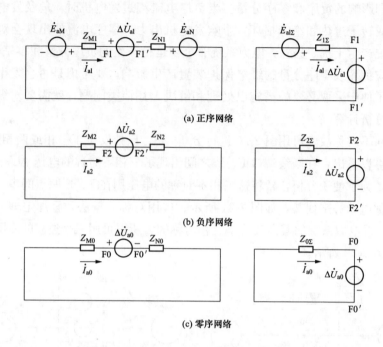

图 2-22 断相时的正序、负序和零序网络图

式（2-56）给出了六个未知数，根据断相的边界条件，还可以列出三个方程，从而可求出这六个未知数，使纵向不对称故障问题得以求解。

在具体求解方程时，按给定已知条件的不同，可分为按给定系统电源电动势和按给定断相前通过断相元件的负荷电流计算两种方式，将在以下的纵向不对称故障的具体分析中提到。

一、一相断相

设在图 2-20 中 F、F′处 a 相断线，可以看出其边界条件为

$$\dot{I}_g = 0，\quad \Delta \dot{U}_b = 0，\quad \Delta \dot{U}_c = 0 \tag{2-59}$$

将其转换为对称分量表示，得

$$\left. \begin{aligned} \dot{I}_{a1} + \dot{I}_{a2} + \dot{I}_{a0} &= 0 \\ \Delta \dot{U}_{a1} = \Delta \dot{U}_{a2} = \Delta \dot{U}_{a0} &= \frac{1}{3} \Delta \dot{U}_a \end{aligned} \right\} \tag{2-60}$$

根据边界条件公式（2-60）得出复合序网如图 2-23 所示。在断相处正序网络、负序网络、零序网络并联。

由复合序网求出断相处的各序分量为

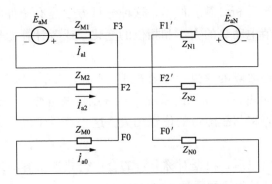

图 2-23　a 相断相时的复合序网图

$$\dot{I}_{a1} = \frac{\dot{E}_{a1\Sigma}}{Z_{1\Sigma} + \dfrac{Z_{2\Sigma} Z_{0\Sigma}}{Z_{2\Sigma} + Z_{0\Sigma}}} \tag{2-61}$$

$$\dot{I}_{a2} = -\dot{I}_{a1} \frac{Z_{0\Sigma}}{Z_{2\Sigma} + Z_{0\Sigma}} \tag{2-62}$$

$$\dot{I}_{a0} = -\dot{I}_{a1} \frac{Z_{2\Sigma}}{Z_{2\Sigma} + Z_{0\Sigma}} \tag{2-63}$$

$$\Delta \dot{U}_{a1} = \Delta \dot{U}_{a2} = \Delta \dot{U}_{a0} = \dot{I}_{a1} \frac{Z_{2\Sigma} Z_{0\Sigma}}{Z_{2\Sigma} + Z_{0\Sigma}} \tag{2-64}$$

可以看出，单相断线后，在断线处会出现负序电压、电流和零序电压、电流（在断相处两侧要有接地中性点时才能有零序电流），其值与两侧等值电动势相差 $\dot{E}_{a1\Sigma}$ 成正比。当两侧等值电动势夹角 δ 接近 180°时，负序和零序分量有较大的数值；当两侧等值电动势幅值相等、夹角 δ 为 0°时，负序和零序分量为零，实际上这就是空载情况的单相断线。

　　由单相断相时的边界条件可知，它与两相接地短路时的边界条件形式上一样，因而它们具有相似的复合序网图及形式上一样的求各序分量的计算公式，但所代表的故障端口不同，算式的实质内容也不相同。式（2-61）是按给定系统电源的等值电动势进行计算的，如果已知的系统参数不是两侧的电源电动势，而是两侧系统联络线上断相前的负荷电流 $\dot{I}_{a1}$、$\dot{I}_{b1}$、$\dot{I}_{c1}$，并且要求计算的是断相后瞬间的电气量时（此时可不用计及断相后两侧电源等值电动势的大小和相位的可能变化），则可以从式（2-61）出发导出相应的公式进行计算。

　　这种计算方法比较直观简便，特别是在仅需要计算断相处的零序电流和负序电流时更为方便。它适用于多电源网络，只要知道断相前、断相中的负荷电流，就可进行分析计算。但是，这种分析方法是有条件的，即不计及断相后两侧电源等值电动势的大小和相位的变化，或者计算的是断相后瞬间的电气量。

从纵向不对称故障的参数计算公式式（2-57）、式（2-58）可以看出，如果涉及的系统是如图 2-20 所示的系统，其特点是两电源、无分支，则故障端口各序参数的计算将与故障口的位置无关。这一点对于以后分析计算某些复故障是有用的。

各序分量求出以后，根据对称分量的合成公式即可容易地求出断相处的各相电流和电压，这里不再重述。

二、两相断相

假定在图 2-24 （a）所示的网络中发生 bc 两相断相，断相后的各独立序网与图 2-22 相同。

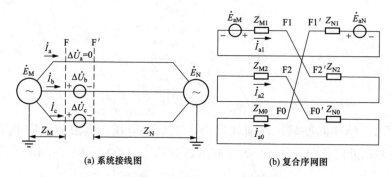

(a) 系统接线图　　　　　(b) 复合序网图

图 2-24　两相断相时的系统接线图和复合序网图

断相处的边界条件为

$$\Delta \dot{U}_a = 0, \quad \dot{I}_b = 0, \quad \dot{I}_c = 0 \tag{2-65}$$

将其转换为对称分量表示，可得

$$\Delta \dot{U}_a = \Delta \dot{U}_{a1} + \Delta \dot{U}_{a2} + \Delta \dot{U}_{a0} = 0 \tag{2-66}$$

$$\dot{I}_{a1} = \dot{I}_{a2} = \dot{I}_{a0} = \frac{1}{3} \dot{I}_a$$

由此可见，两相断相的边界条件在形式上和单相接地短路时完全一样，故它们的复合序网［见图 2-24 （b）］和计算各序分量的表达式形式上也相同。

由复合序网可得

$$\dot{I}_{a1} = \dot{I}_{a2} = \dot{I}_{a0} = \frac{\dot{E}_{a1\Sigma}}{Z_{1\Sigma} + Z_{2\Sigma} + Z_{0\Sigma}} \tag{2-67}$$

$$\left.\begin{aligned}\Delta\dot{U}_{a1}&=\dot{E}_{a1\Sigma}-\dot{I}_{a1}Z_{1\Sigma}=\dot{I}_{a1}(Z_{2\Sigma}+Z_{0\Sigma})\\\Delta\dot{U}_{a2}&=-\dot{I}_{a2}Z_{2\Sigma}=-\dot{I}_{a1}Z_{2\Sigma}\\\Delta\dot{U}_{a0}&=\dot{I}_{a0}Z_{0\Sigma}=-\dot{I}_{a1}Z_{0\Sigma}\end{aligned}\right\} \tag{2-68}$$

其中，各参数与一相断线时相同。各序分量求出以后，断相处的各相电流、电压也不难求得。

若已知的是断相前的负荷电流，且要求计算断相后瞬间的电气量，或者不计及断相后两侧电源等值电动势的大小和相位的变化的情况下，采取与一相断相时相类似的处理方法，亦可导出相应的用已知负荷电流进行计算的公式。

由于

$$\dot{I}_{a1}=\frac{\dot{E}_{a1\Sigma}}{Z_{1\Sigma}} \tag{2-69}$$

由式（2-67）可得

$$\dot{I}_{a1}=\dot{I}_{a2}=\dot{I}_{a0}=\frac{\dot{E}_{a1\Sigma}}{Z_{1\Sigma}+Z_{2\Sigma}+Z_{0\Sigma}}=\dot{I}_{a1}\frac{Z_{1\Sigma}}{Z_{1\Sigma}+Z_{2\Sigma}+Z_{0\Sigma}} \tag{2-70}$$

由式（2-68）可以看出，各序电压分量的计算式均与 $\dot{I}_{a1}$ 有关，在求出 $\dot{I}_{a1}$ 以后，各序电压也就容易求出。

从两相断相的复合序网图出发，同样可以应用叠加定理进行计算，计算过程如图 2-25 所示，这里就不再一一说明了。

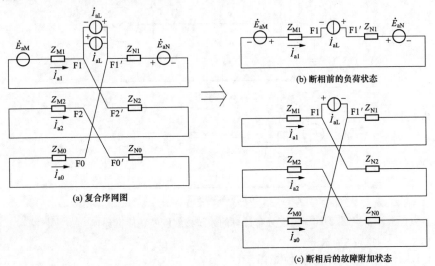

图 2-25 两相断相时应用叠加定理进行计算的复合序网图

第五节　各序电气量分布计算的基本方法及其分布规律

本节主要介绍了电流的分布计算、电压的分布计算，详细介绍了正序、负序、零序电流的计算，对电压的分布计算进行了简单介绍，对短路点功率的计算进行了删减。

假定系统故障时故障点的各序电气量值已经求出，现在就在这一基础上讨论电流、电压、功率等在网络中的分布问题。

一、电流的分布计算

这里重点介绍利用电流分布系数求各支路电流的计算方法。如图 2-26（a）所示的系统接线图，假定对应基准相的各序网络及故障点的各序总电流 $\dot{I}_{k1}$、$\dot{I}_{k2}$、$\dot{I}_{k0}$ 均已知，要求计算 M、N 支路中的各序及各相电流。

根据电流分布系数的定义，只有当网络中各电源电动势相等时才能应用此法。在正序电流的分布计算中，要注意正序网络中可能存在电源电动势相等或不相等两种情况。对负序及零序网络，网络中不存在电源电动势，因此可以直接应用分布系数法。

（一）正序电流的分布计算

根据图 2-26（a）可画出正序网络，如图 2-26（b）所示。

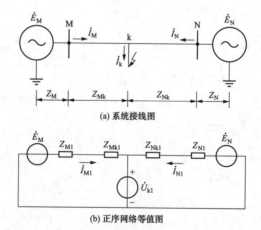

(a) 系统接线图

(b) 正序网络等值图

图 2-26　电流分布计算的系统接线图及正序网络网

1. 假定两侧电源电动势相等

在图 2-26（a）中，设 $Z_{SM1}=Z_{M1}+Z_{Mk1}$、$Z_{SN1}=Z_{N1}+Z_{Nk1}$，根据分布系

数的定义可知

$$\dot{I}_{M1}=\frac{Z_{1\Sigma}}{Z_{SM1}}\dot{I}_{k1}=C_{M1}\dot{I}_{k1};\quad \dot{I}_{N1}=\frac{Z_{1\Sigma}}{Z_{SM1}}\dot{I}_{k1}=C_{N1}\dot{I}_{k1} \tag{2-71}$$

其中

$$\left.\begin{array}{l}C_{M1}=\dfrac{\dot{I}_{M1}}{\dot{I}_{k1}}=\dfrac{\dot{I}_{k1}Z_{1\Sigma}}{Z_{SM1}}\bigg/\dot{I}_{k1}=\dfrac{Z_{1\Sigma}}{Z_{SM1}}\\[4mm] C_{N1}=\dfrac{\dot{I}_{N1}}{\dot{I}_{k1}}=\dfrac{\dot{I}_{k1}Z_{1\Sigma}}{Z_{SN1}}\bigg/\dot{I}_{k1}=\dfrac{Z_{1\Sigma}}{Z_{SN1}}\end{array}\right\} \tag{2-72}$$

为 M 侧及 N 侧支路的正序电流分布系数，其值恒小于等于 1。$Z_{1\Sigma}=\dfrac{Z_{SM1}Z_{SN1}}{Z_{SM1}+Z_{SN1}}$ 为正序网络对故障点的等值阻抗。须注意

$$C_{M1}+C_{k1}=\frac{\dot{I}_{M1}}{\dot{I}_{k1}}+\frac{\dot{I}_{N1}}{\dot{I}_{k1}}=1 \tag{2-73}$$

此式可用来检验分布系数的计算是否正确。

2. 假定两侧电源电动势不相等

此时需应用叠加定理，把图 2-26 所示的网络看成是仅有电源电动势作用下的正常运行状态网络和仅在短路点有电流源 $\dot{I}_{k1}$ 作用下的附加状态的叠加，见图 2-27。

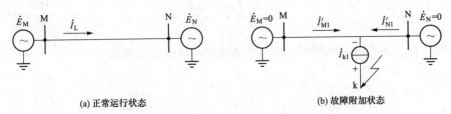

(a) 正常运行状态　　　　　　　　　　(b) 故障附加状态

图 2-27　电源电动势不等时电流分布计算图

正常运行状态网络的支路电流是负荷电流，为已知，而故障附加状态是一个电源电动势等于零的网络，可应用电流分布系数求出各支路的故障分量电流。最后，将两种状态下的支路电流叠加，即可求出两侧电源电动势不等时各支路的正序电流

$$\dot{I}'_{M1}=C_{M1}\dot{I}_{k1},\quad \dot{I}'_{N1}=C_{N1}\dot{I}_{k1}$$

$$\dot{I}_{M1}=\dot{I}_1+\dot{I}'_{M1},\quad \dot{I}_{N1}=-\dot{I}_1+\dot{I}'_{N1} \tag{2-74}$$

式中　$\dot{I}_1$——正常运行时网络中的负荷电流。

（二）负序电流的分布计算

根据图 2-26（a）画出的负序网络如图 2-28（a）所示。

根据电流分布系数的定义，求出各支路的负序电流

$$\dot{I}_{M2}=C_{M2}\dot{I}_{k2}，\dot{I}_{N2}=C_{N2}\dot{I}_{k2} \tag{2-75}$$

$$C_{M2}=\frac{\dot{I}_{M2}}{\dot{I}_{k2}}=\frac{Z_{2\Sigma}}{Z_{SM2}}，C_{N2}=\frac{\dot{I}_{N2}}{\dot{I}_{k2}}=\frac{Z_{2\Sigma}}{Z_{SN2}} \tag{2-76}$$

式中 C_{M2}、C_{N2}——M 侧及 N 侧支路的负序电流分布系数。

其中，$Z_{SM2}=Z_{M2}+Z_{Mk2}$，$Z_{SN2}=Z_{N2}+Z_{Nk2}$，$Z_{2\Sigma}=\dfrac{Z_{SM2}Z_{SN2}}{Z_{SM2}+Z_{SN2}}$如前所述

为负序网络对短路点的等值负序阻抗。

（三）零序电流的分布计算

根据图 2-26（a）画出的零序等值网络如图 2-28（b）所示。同理，按分布系数的定义可求出各支路的零序电流

$$\left.\begin{array}{l}\dot{I}_{M0}=C_{M0}\dot{I}_{k0}\\[2mm]\dot{I}_{N0}=C_{N0}\dot{I}_{k0}\end{array}\right\} \tag{2-77}$$

$$\left.\begin{array}{l}C_{M0}=\dfrac{\dot{I}_{M0}}{\dot{I}_{k0}}=\dfrac{Z_{0\Sigma}}{Z_{sM0}}\\[4mm]C_{N0}=\dfrac{\dot{I}_{N0}}{\dot{I}_{k0}}=\dfrac{Z_{0\Sigma}}{Z_{sN0}}\end{array}\right\} \tag{2-78}$$

式中 C_{M0}、C_{N0}——M 侧及 N 侧支路的零序电流分布系数。

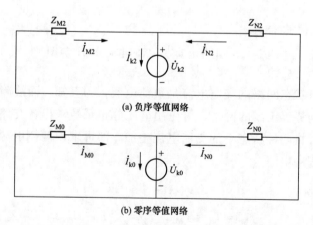

(a) 负序等值网络

(b) 零序等值网络

图 2-28 电流分布计算时的负序及零序等值网络图

其中，$Z_{sM0}=Z_{M0}+Z_{Mk0}$，$Z_{sN0}=Z_{N0}+Z_{Nk0}$，$Z_{0\Sigma}=\dfrac{Z_{sM0}Z_{sN0}}{Z_{sM0}+Z_{sN0}}$ 为零序网络对短路点的等值零序阻抗。

当有多个支路时，其计算方法与两个支路的情况相同，不再赘述。

各支路对应基准相的各序电流求出来以后，将同一支路中的各序电流相加，即可求出各支路的各相电流。如对 M 侧支路

$$\left.\begin{array}{l} \dot{I}_{Ma}=\dot{I}_{M1}+\dot{I}_{M2}+\dot{I}_{M0} \\ \dot{I}_{Mb}=a^2\dot{I}_{M1}+a\dot{I}_{M2}+\dot{I}_{M0} \\ \dot{I}_{Mc}=a\dot{I}_{M1}+a^2\dot{I}_{M2}+\dot{I}_{M0} \end{array}\right\} \tag{2-79}$$

以上介绍了利用电流分布系数求电流分布的方法。应用此法进行计算时有一个好处：在同一运行方式下，网络中同一点发生短路时，各个序网络的电流分布系数都是确定的，且同短路类型无关。所以只要把各支路的各序电流分布系数计算出来以后，将其与不同类型短路点相应序的总电流相乘，即可求出不同类型故障情况下的该支路相应序的分支电流。

二、电压的分布计算

在如图 2-29（a）所示的网络中，当 k 点发生三相短路时，母线 M 点 a 相的电压可用式（2-80）计算

$$\dot{U}_M=\dot{U}_k^{(3)}+\dot{I}_k^{(3)}Z_k \tag{2-80}$$

式中　$\dot{U}_k^{(3)}$——短路点的电压；

$\dot{I}_k^{(3)}$——短路支路中的三相短路电流；

Z_k——从故障点 k 至 M 的阻抗。

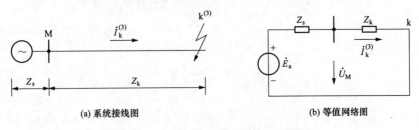

(a) 系统接线图　　　　　　　　　　　(b) 等值网络图

图 2-29　三相短路时电压分布的计算图

在 M 点离短路点较远的情况下，为了简便，也可按式（2-81）计算 $\dot{U}_M$

$$\dot{U}_M=\dot{E}_a-\dot{I}_k^{(3)}Z_s \tag{2-81}$$

式中 $\dot{E}_a$——电源的相电动势；

Z_s——电源的内阻抗。

式（2-80）表明，网络中某点的电压等于故障点的电压加上从故障点至所求点 M 间阻抗上的电压降。这一关系式在不对称故障计算中同样适用，所不同的是某点的各序电压要按各序网络分别予以计算。

下面用一具体网络说明序电压的计算。系统接线如图 2-30 所示，假定网络中各子参数及 k 点对应基准相的各序电压、电流均已知。根据各序网络图，仿照式（2-80）、式（2-81）可分别求出 M 点的各序电压为

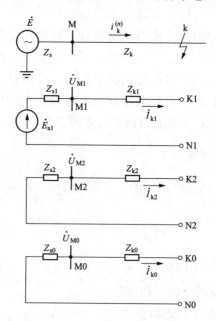

图 2-30 不对称故障时电压分布计算的系统接线图及各序网图

$$\dot{U}_{M1}=\dot{U}_{k1}+\dot{I}_{k1}Z_{k1} \tag{2-82}$$

或

$$\dot{U}_{M1}=\dot{E}_{a1}-\dot{I}_{k1}Z_{s1} \tag{2-83}$$

$$\dot{U}_{M2}=\dot{U}_{k2}+\dot{I}_{k2}Z_{k2} \tag{2-84}$$

或

$$\dot{U}_{M2}=-\dot{I}_{k2}Z_{s2} \tag{2-85}$$

$$\dot{U}_{M0}=\dot{U}_{k0}+\dot{I}_{k0}Z_{k0} \tag{2-86}$$

或

$$\dot{U}_{M0}=-\dot{I}_{k0}Z_{s0} \tag{2-87}$$

式中　Z_{k1}、Z_{k2}、Z_{k0}——所求点 M 至短路点 k 间的各序阻抗；

　　　　Z_{s1}、Z_{s2}、Z_{s0}——电源的各序内阻抗。

由上述计算公式可知，当故障点离所求点 M 的电气距离较远时，应用式（2-83）、式（2-85）及式（2-87）更为简便些。

若要求 M 点的各相电压，可按式（2-88）计算

$$\left.\begin{array}{l}\dot{U}_{Ma}=\dot{U}_{M1}+\dot{U}_{M2}+\dot{U}_{M0}\\[4pt]\dot{U}_{Mb}=a^2\dot{U}_{M1}+a\dot{U}_{M2}+\dot{U}_{M0}\\[4pt]\dot{U}_{Mc}=a\dot{U}_{M1}+a^2\dot{U}_{M2}+\dot{U}_{M0}\end{array}\right\} \tag{2-88}$$

图 2-31 给出了一个单电源系统在 k 点发生各种金属性短路时各序电压的分布图。图中的各序电压是用其绝对值表示的。

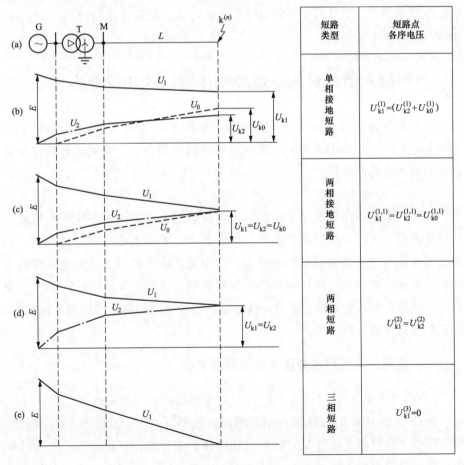

图 2-31　各种不对称短路时各序电压分量分布规律

55

由各电压分布规律图可得出以下几点结论：

（1）正序电压越靠近电源处数值越高，发电机端的正序电压最高，等于电源电动势。越靠近短路点正序电压的数值越低，三相金属性短路时，短路点电压等于零。母线 M 点的正序电压在三相短路时下降得最厉害，波动最大，对系统及用户影响最大；两相接地短路次之；单相接地短路时正序电压变化较小。

（2）负序及零序电压的绝对值总是越靠近短路点数值越高，短路点电压最高，相当于在那里有一个负序及零序电源电动势，其值等于短路点的该序电压，而越远离短路点，负序及零序电压数值越低，在发电机的中性点上负序电压等于零，在变压器接地中性点上零序电压等于零。

应当指出，上述计算各电流、电压的公式仅适用于网络中不含 D、Y 接法变压器的部分；另外对于多侧电源系统的电流、电压分布的计算，其方法、步骤与上述基本相同。

第六节　对称分量经变压器后的相位变换

本节主要讲述了电压、电流对称分量经变压器的变换，对称分量经 Yy0（或 Yyn0）的相位变换，以及相位变换的一般公式，删减了计及变压器相移的分布计算规律。

电压和电流对称分量经变压器后，不仅数值大小要发生变化，而且相位也可能发生变化，变压器两侧电压、电流的大小关系由变压器变比决定，而相位关系则与变压器的联结组别有关。在电流、电压的分布计算中，要特别注意计及相位的移动。现以变压器的两种常用联结方式 Yy11 和 YNd11 来说明这一问题。并在此基础上给出对称分量经各种不同的联结组别的变压器时，计算相移角度的一般公式。

一、电压、电流对称分量经变压器的变换

（一）对称分量经 YNd11（或 Yd11）变压器后的相位变换

图 2-32 给出了 YNd11 变压器接线图。图中 U_A、U_B、U_C 和 I_A、I_B、I_C 为变压器 YN 侧相电压（A、B、C 对地电压）和线电流；I_α、I_β、I_γ 为 d 侧内部各相绕组中的电流。

如果令变压器的变比（YN 侧和 d 侧线电压之比）为 K_T，即绕组的匝数

比为 $\dfrac{W_Y}{W_d}=\dfrac{K_T}{\sqrt{3}}$。于是在不计励磁电流的情况下，d 侧线电流可表示为

$$\left.\begin{aligned}
\dot{I}_a&=\dot{I}_\alpha-\dot{I}_\beta=\frac{K_T}{\sqrt{3}}(\dot{I}_A-\dot{I}_B)\\
\dot{I}_b&=\dot{I}_\beta-\dot{I}_\gamma=\frac{K_T}{\sqrt{3}}(\dot{I}_B-\dot{I}_C)\\
\dot{I}_c&=\dot{I}_\gamma-\dot{I}_\alpha=\frac{K_T}{\sqrt{3}}(\dot{I}_C-\dot{I}_A)
\end{aligned}\right\}\tag{2-89}$$

应用对称分量法，可得 d 侧正序电流为

$$\begin{aligned}
\dot{I}_{a1}&=\frac{1}{3}(\dot{I}_a+a\dot{I}_b+a^2\dot{I}_c)\\
&=\frac{K_T}{\sqrt{3}}\left(\frac{\dot{I}_A+a\dot{I}_E+a^2\dot{I}_C}{3}-\frac{a^2\dot{I}_A+\dot{I}_B+a\dot{I}_C}{3}\right)\\
&=K_T\dot{I}_{A1}e^{j30°}
\end{aligned}\tag{2-90}$$

同理可得到 d 侧的负序电流 $\dot{I}_{a2}$、零序电流 $\dot{I}_{a0}$，所以 d 侧各序电流可表示为

$$\left.\begin{aligned}
\dot{I}_{a1}&=K_T\dot{I}_{A1}e^{j30°}\\
\dot{I}_{a2}&=K_T\dot{I}_{A2}e^{-j30°}\\
\dot{I}_{a0}&=0
\end{aligned}\right\}\tag{2-91}$$

可以看出，d 侧的正序电流，在大小上等于 YN 侧正序电流的 K_T 倍，在相位上超前 YN 侧相应正序电流 30°，与 YNd11 接线相符；d 侧的负序电流，在大小上等于 YN 侧负序电流的 K_T 倍，在相位上滞后 YN 侧相应负序电流 30°；YN 侧的零序电流不能传变到 d 侧的线电流，只能在 d 侧绕组中形成环流。式（2-91）表示了 A 相序分量电流的关系，B 相、C 相序分量电流也有同样的形式，如图 2-32 所示。

式（2-91）给出了已知 YN 侧各序分量电流，求 d 侧各序分量电流的关系式，即表示由 YN 侧转换到 d 侧的情况。当已知 d 侧各序分量电流，求 YN 侧各序分量电流时，相当于由 d 侧转换到 YN 侧，由式（2-91）可得

$$\left.\begin{aligned}
\dot{I}_{A1}&=\frac{1}{K_T}\dot{I}_{a1}e^{-j30°}\\
\dot{I}_{A2}&=\frac{1}{K_T}\dot{I}_{a2}e^{j30°}
\end{aligned}\right\}\tag{2-92}$$

B 相、C 相序分量电流也有同样的关系式。

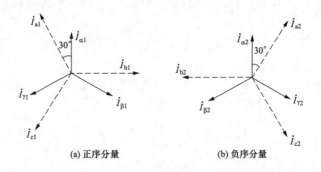

(a) 正序分量   (b) 负序分量

图 2-32   YNd11 变压器两侧序分量电流相位关系

当图 2-32 中 YNd11 接线变压器处于空载状态时，两侧电压有如下关系

$$\left.\begin{aligned}\dot{U}_{\mathrm{A}}&=\frac{K_{\mathrm{T}}}{\sqrt{3}}(\dot{U}_{\mathrm{a}}-\dot{U}_{\mathrm{c}})\\[4pt]\dot{U}_{\mathrm{B}}&=\frac{K_{\mathrm{T}}}{\sqrt{3}}(\dot{U}_{\mathrm{b}}-\dot{U}_{\mathrm{a}})\\[4pt]\dot{U}_{\mathrm{C}}&=\frac{K_{\mathrm{T}}}{\sqrt{3}}(\dot{U}_{\mathrm{c}}-\dot{U}_{\mathrm{b}})\end{aligned}\right\}\tag{2-93}$$

应用对称分量法，可得到 YN 侧的各序电压为

$$\left.\begin{aligned}\dot{U}_{\mathrm{A1}}&=K_{\mathrm{T}}\dot{U}_{\mathrm{a1}}\,\mathrm{e}^{\mathrm{j}30^{\circ}}\\[4pt]\dot{U}_{\mathrm{A2}}&=K_{\mathrm{T}}\dot{U}_{\mathrm{a2}}\,\mathrm{e}^{\mathrm{j}30^{\circ}}\\[4pt]\dot{U}_{\mathrm{A0}}&=0\end{aligned}\right\}\tag{2-94}$$

或将式（2-94）改写为如下形式

$$\left.\begin{aligned}\dot{U}_{\mathrm{a1}}&=\frac{1}{K_{\mathrm{T}}}\dot{U}_{\mathrm{A1}}\,\mathrm{e}^{\mathrm{j}30^{\circ}}\\[4pt]\dot{U}_{\mathrm{a2}}&=\frac{1}{K_{\mathrm{T}}}\dot{U}_{\mathrm{A2}}\,\mathrm{e}^{-\mathrm{j}30^{\circ}}\end{aligned}\right\}\tag{2-95}$$

图 2-33 给出了 YNd11 变压器两侧序分量电压的相位关系。可见，当变压器空载时，两侧正序分量电压的相位关系与正序分量电流的相位关系相同，即 d 侧的正序分量电压超前 YN 侧相应正序分量电压 30°，大小等于 YN 侧正序电压的 $\frac{1}{K_{\mathrm{T}}}$；两侧负序分量电压的相位关系与负序分量电流相位关系相同，即 d 侧的负序分量电压滞后 YN 侧相应负序分量电压 30°，大小等于 YN 侧负序电

压的$\dfrac{1}{K_T}$；对于零序分量电压，由式（2-94）可知，d 侧的零序电压不能加到 d 侧绕组上，所以 YN 侧零序电压为零。

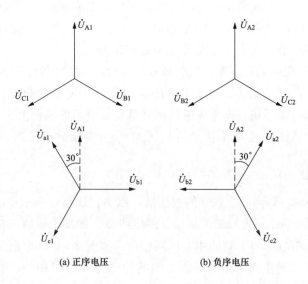

(a) 正序电压　　　　　(b) 负序电压

图 2-33　YNd11（Yd11）联结的三相变压器的正序电压和负序电压相量图

上述变压器两侧序分量电压的关系式是在变压器空载情况下获得的。当变压器通过电流时，应计及该电流在变压器阻抗上形成的电压降，若规定电流的正方向由变压器的低压侧流向高压侧，式（2-94）改写为

$$\left.\begin{aligned}\dot{U}_{a1}&=\frac{1}{K_T}(\dot{U}_{A1}+\dot{I}_{A1}jx_{T1})e^{j30°}\\[4pt]\dot{U}_{a2}&=\frac{1}{K_T}(\dot{U}_{A2}+\dot{I}_{A2}jx_{T2})e^{-j30°}\end{aligned}\right\}\tag{2-96}$$

式中　$\dot{I}_{A1}$、$\dot{I}_{A2}$——高压侧的 A 相正序电流、A 相负序电流；

$\quad\quad\ x_{T1}$、x_{T2}——变压器折算到高压侧的正序、负序电抗（正、负序电抗相等）。

若规定电流的正方向由变压器的高压侧流向低压侧，计算序分量由低压侧转换到高压侧时，式（2-94）可改写为

$$\left.\begin{aligned}\dot{U}_{A1}&=K_T(\dot{U}_{a1}+\dot{I}_{a1}jx_{T1})e^{-j30°}\\[4pt]\dot{U}_{A2}&=K_T(\dot{U}_{a2}+\dot{I}_{a2}jx_{T2})e^{j30°}\end{aligned}\right\}\tag{2-97}$$

式中　$\dot{I}_{a1}$、$\dot{I}_{a2}$——低压侧的 A 相正序电流、A 相负序电流；

x_{T1}、x_{T2}——变压器折算到低压侧的正序、负序电抗(正、负序电抗相等)。

总之,对 Yd11 或 YNd11 接线的变压器,当序分量电压、电流由 Y 侧转换到 d 侧时,对于正序分量,d 侧的相应电压、电流要逆时针旋转 30°;对于负序分量,d 侧的相应电压、电流要顺时针旋转 30°;当序分量由 d 侧转换到 Y 侧时,相移的情况与由 Y 侧转换到 d 侧时的相反。

对 YNd11 联结的变压器,当接地故障发生在 YN 侧时,YN 侧零序电流和电压都存在,而 d 侧的引出线上零序电压和零序电流均为零,因为零序电流在 d 绕组内自成环流,即零序电压都降落在 d 绕组的漏抗上了。对 Yd11 联结的变压器,Y 侧中性点不接地,故无论哪一侧接地故障时,零序电流均为零。

(二)对称分量经 Yy0(或 Yyn0)的相位变换

图 2-34(a)表示 Yy0 联结的变压器,以 A、B 和 C 表示变压器高压绕组 Ⅰ 的出线端,a、b、c 表示低压绕组 Ⅱ 的出线端。如果 Ⅰ 侧施以正序电压,那么 Ⅱ 侧绕组的相电压与 Ⅰ 侧的相电压同相位,如图 2-34(b)所示。如在 Ⅰ 侧施以负序电压,则 Ⅱ 侧的相电压同 Ⅰ 侧的相电压也是同相位,如图 2-34(c)所示。对于这种联结的变压器,两侧相电压的正序分量或负序分量的标幺值分别相等,即 $\dot{U}_{a1}=\dot{U}_{A1}$,$\dot{U}_{a2}=\dot{U}_{A2}$。对于两侧相电流的正序及负序分量,亦存在上述关系。如果变压器联结成 Yyn0,而又存在零序电流的通路,那么变压器两侧的零序电流(或电压)亦是同相位的。

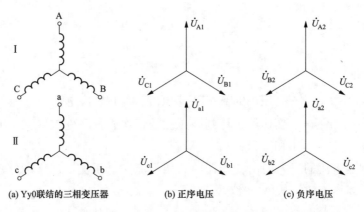

(a) Yy0联结的三相变压器　　(b) 正序电压　　(c) 负序电压

图 2-34　Yy0 联结的三相变压器及其正序电压、负序电压相量图

因此,电流、电压的各序分量经过 Yy0(或 Yyn0)联结的变压器时,并不发生相位移动。

（三）相位变换的一般公式

由以上分析可知，正序和负序分量经各种联结组别的变压器时，相移的角度 δ 的取值与变压器的接线组别及先从变压器的哪一侧来有关。正序和负序分量的相移角度 δ_1 和 δ_2 的一般计算公式为

$$\left.\begin{array}{l} \delta_1 = \pm(12-N) \times 30^\circ \\ \delta_2 = -\delta_1 \end{array}\right\} \tag{2-98}$$

式中 N——变压器接线组别中的钟点数。

当序电流和序电压由接线组别中的 12 点侧绕组向 N 点侧绕组进行分布计算时，取"＋"号；当由 N 点侧绕组向 12 点侧绕组进行分布计算时，取"－"号。相移角度的计算公式，不论是对于星形、三角形联结的变压器，还是对于星形、星形联结的变压器都是适用的。

第三章

特高压交流变压器保护技术

第一节 特高压变压器结构的特殊性

一、整体结构

1000kV 特高压变压器由于容量很大，其体积和质量较 500kV 变压器都有较大增加，为了方便变压器运输和安装，变压器生产厂家将特高压变压器分解为变压器主体（不带调压的自耦变压器）和调压补偿变压器两部分，如图 3-1 所示，这样变压器的结构简洁，绝缘可靠性容易得到保证。

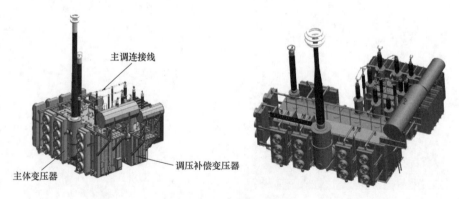

图 3-1　特高压变压器

调压补偿变压器与主变压器通过硬铜母线连接，但是这两部分不是简单的串联关系。调压补偿变压器由共用一个油箱的调压器和低压电压补偿器两部分构成。这两部分从物理结构上讲，都是一个小容量的 YY 接线变压器。特高压变压器的调压方式同常规变压器有所区别，调节的是公共绕组靠近大

62

地侧的匝数。此种调压方式在调节主变压器中压侧电压时，会影响低压侧电压，为了保持调节过程中低压侧电压的稳定，需要通过增加低压补偿绕组、引入负反馈电压达到稳定低压侧电压的目的。当调压部分出问题时，可与主变压器主体部分解开，不影响主变压器的运行。

二、参数示例

交流特高压主变压器保护的参数示例如表 3-1 所示。

表 3-1　　　　　　　　　交流特高压主变压器保护的参数示例

容量	$3 \times 1000 \mathrm{MVA}$
容量比	1：1：1/3
电压比	$\frac{1050}{\sqrt{3}}\mathrm{kV} / \frac{525}{\sqrt{3}}$（1±5%）kV/110kV
短路电抗	高中（H-M）：18%；高低（H-L）：62%；中低（M-L）：40%
接线方式	$\mathrm{Y}_{0自}/\triangle$-12-11
高压侧	1649.6A
中压侧	3299.2A
低压侧	15 746.4A（全容量）；5248.8A（绕组容量）

不同挡位特高压主变压器中压侧额定电压及额定电流如表 3-2 所示。

表 3-2　　　　　　不同挡位特高压主变压器中压侧额定电压及额定电流

分接头位置	中压侧额定电压（V）	中压侧额定电流（A）
5%	$551\ 250/\sqrt{3}$	3142.0
3.75%	$544\ 688/\sqrt{3}$	3179.9
2.5%	$538\ 125/\sqrt{3}$	3218.7
1.25%	$531\ 563/\sqrt{3}$	3258.4
0%	$525\ 000/\sqrt{3}$	3299.1
−1.25%	$518\ 438/\sqrt{3}$	3340.9
−2.5%	$511\ 875/\sqrt{3}$	3383.7
−3.75%	$505\ 313/\sqrt{3}$	3427.7
−5%	$498\ 750/\sqrt{3}$	3472.8

按照一般变压器的定值整定习惯完全可以满足特高压主变压器保护的要求，特高压主变压器保护定值只需要一套定值就可以满足各种运行工况下的差动保护平衡的要求。

当调节到−5%挡位时，差动保护差流平衡出现最大误差，最大误差为 5.26%。

调压变压器及补偿变压器在不同分接头下具有不同的电气参数。

不同挡位调压变压器额定电压、额定电流及变比示例如表 3-3 所示。

表 3-3　　　调压变压器各侧绕组在不同分接头下的额定电压、电流值

挡位	分接头位置	调压绕组电压 (kV)	调压绕组电流 (A)	励磁绕组电压 (kV)	励磁绕组电流 (A)	容量 (MVA)	变比
1	5%	27 887	1505	104 909	400	41.96	3.76
2	3.75%	21 159	1538	106 130	307	32.58	5.02
3	2.5%	14 272	1574	107 379	209	22.44	7.52
4	1.25%	7221	1611	108 658	107	11.63	15.05
5	0%	0	1650	109 968	0	0	—
6	−1.25%	7397	1690	111 310	112	12.47	15.05
7	−2.5%	14 977	1733	112 685	230	25.92	7.52
8	−3.75%	22 747	1778	114 095	355	40.50	5.02
9	−5%	30 713	1826	115 540	485	56.04	3.76

不同挡位补偿变压器额定电压、额定电流及变比示例如表 3-4 所示。

表 3-4　　　补偿变压器各侧绕组在不同分接头下的额定电压、电流值

挡位	分接头位置	调压绕组电压 (kV)	调压绕组电流 (A)	励磁绕组电压 (kV)	励磁绕组电流 (A)	容量 (MVA)	变比
1	5%	27 887	551	5017	3038	15.37	5.56
2	3.75%	21 159	551	3806	3038	11.66	5.56
3	2.5%	14 272	551	2567	3038	7.86	5.56
4	1.25%	7221	551	1299	3038	3.98	5.56
5	0%	0	551	0	3037	0.00	5.56
6	−1.25%	7397	551	1331	3037	4.08	5.56
7	−2.5%	14 977	551	2694	3037	8.25	5.56
8	−3.75%	22 747	551	4092	3036	12.53	5.56
9	−5%	30 713	551	5525	3036	16.92	5.56

从以上数据可以看出，挡位从小到大的调整过程中调压补偿变压器的特点如下：

（1）调压变压器变比变化较大，调压绕组电压和励磁绕组电流从正向最大到零后，到反向最大。

（2）补偿变压器的变比不变，励磁绕组电压和补偿绕组电压从正向最大

到零后，到反向最大。

（3）补偿后的低压侧电压恒定不变。

（4）调整到中间挡位时，相当于自耦变压器中性点不经调压补偿直接接地运行。

（三）调压补偿变压器接线方式

不同厂家不同时期生产的调压补偿变压器的接线方式有所差异，大体上分为两种接线方式，一种为恒磁通模式，另一种为变磁通模式。两种模式下的绕组接线和电流互感器（TA）安装位置示意图如图3-2和图3-3所示。

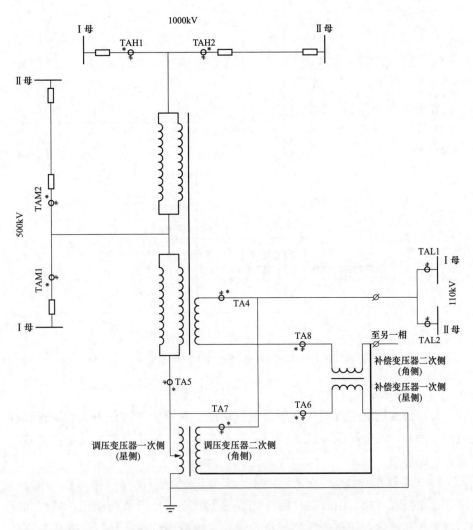

图 3-2　1000kV 变压器保护接线及 TA 配置示意图（恒磁通）

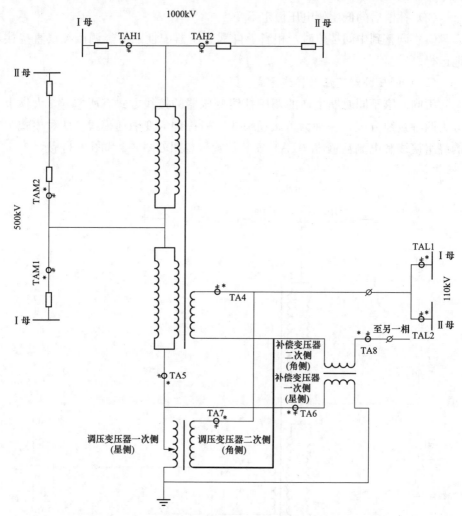

图 3-3　1000kV 变压器保护接线及 TA 配置示意图（变磁通）

（四）调压方式

特高压变压器通过调压变压器进行调压。其调压方式分为无载调压和有载调压两种，两种调压方式的挡位数目有所不同，因此对保护及运行的差异也有一定影响。

1. 无载调压方式

通常只有 9 挡，中间挡位为 5 挡。变压器不支持带负荷调压，每次调压需要变压器停运，调整变压器挡位及保护定值后继续投入运行。变压器调压过程中保护允许退出。

2. 有载调压方式

有载调压方式具有更多的挡位选择，最高可以达到 21 挡，连续调压，调节过程中变压器不停运。整个调压过程中保护不允许退出。

（五）调压变压器及补偿变压器原副边的定义

根据变压器的工作原理，变压器的原边也称为一次绕组或初级绕组，是指变压器的励磁绕组。而变压器的副边也称为二次绕组或次级绕组。

对于特高压变压器的调压变压器及补偿变压器，定义调压变压器与补偿变压器一次绕组均为星形连接侧绕组，即与主变压器中性点侧相连接的绕组；二次绕组为与主变压器低压侧连接的绕组。

第二节　特高压变压器的特殊性及对保护配置的要求

一、结构和灵敏度对保护配置的要求

特高压变压器的调压方式是典型的通过小容量变压器调节大容量变压器的方式，当大容量变压器电压发生较小变化时，小容量变压器的电压将发生很大的变化。

这种连接方式的情况下，调压变压器和补偿变压器占整个变压器的匝数相对较少，两者匝对匝间的电压相对于主变压器来说也很小，当调压变压器或者补偿变压器发生轻微匝间故障时，折算到整个变压器来说会更加轻微，保护范围为整个变压器的变压器差动保护很难在这种情况下动作。

可见对于这种主变压器＋调压变压器＋补偿变压器的变压器连接方式，必须为调压变压器和补偿变压器单独配置差动保护，以提高其区内故障匝间故障时的灵敏度，调压补偿变压器保护采用独立装置实现。此外，单独配置的调压变压器和补偿变压器的差动保护主要是用来提高小故障情况下的灵敏度，所以无须为其配置差动速断保护。

另外需要特别注意的是，调压变压器和补偿变压器二次绕组的接入，主变压器低压侧不再是简单的三角环的接线方式，因此无法配置常规 500kV 变压器保护中的小区差动。

二、电压等级和系统主接线的影响

同常规变压器有所差异，特高压变压器高压侧为 1000kV，中压侧为 500kV，低压侧为 110kV。

与 500kV 电压等级相比，由于受到 1000kV 系统短路水平和特高压变压器短路阻抗的限制，1000kV 短路电流通常不是特别大，对 TA 的动、热稳定要求甚至低于一般水平。但特高压变压器对差动保护的灵敏度提出了更高的要求。单纯降低保护定值会降低在区外故障等各种系统扰动情况下保护的可靠性，所以不能根本解决差动保护灵敏度不足的问题。不受负荷电流的故障分量差动保护是提高保护灵敏度的根本解决方案。

另外，在系统发生故障的情况下，由于长线路分布电容的充放电效应，短路电流中可能会出现较大的谐波分量。并且故障越严重，电压突变越大，电容的充放电现象越明显，对差动保护的动作速度可能有一定影响。

对于高中压侧，系统接线均为 3/2 接线，因此主变压器保护均需要接入双 TA，对于低压侧，可能有双分支接入，同时用于低压侧的电压等级为 110kV，还需配置失灵连跳功能。

三、励磁涌流的特殊性

如表 3-5 所示，特高压变压器运行电压等级较高，系统衰减时间常数较大，因此励磁涌流通常也衰减较慢。

表 3-5 不同电压等级衰减时间常数

电压等级（kV）	$\omega L/R$	衰减时间常数（ms）
220	3~3.5	9.5~11
500	10~13	31.8~41.4
750	20	~63.7
1000	35	~111.5

调压变压器是三相分相的变压器，但是由于整个特高压变压器接线方式的特点，即变压器主体和调压变压器存在一定的连接关系，如调压变压器的一次绕组和主变压器的公共绕组是串联关系，因此主变压器的励磁涌流会强制性地通过调压变压器的一次绕组。而调压变压器的二次绕组和主变压器的低压绕组并联，这样在空投过程中，调压变压器的一次绕组和二次绕组都存在电流，使得调压变压器的励磁涌流将受到主体变压器多方面的影响。调压变压器在空投过程中其差电流的幅值可能比同电压等级的变压器空投差电流较大，且变压器饱和情况严重，励磁涌流中谐波含量可能较低，保护也需要有相应的应对措施。

四、调挡导致调压变压器变比变化过大的影响

特高压变压器是通过调节一个小容量变压器来实现整个大变压器的调压

的，所以虽然特高压变压器的调压范围仅为$-5\%\sim5\%$，但是调压变压器的调压范围却非常大，相当于调压变压器的原二次变比有非常大的变化，甚至在整个调压过程中，绕组中的电流会出现反相的情况。

考虑到不同挡位情况下的定值合并将带来不小的误差，以及不管怎么样合并挡位定值也不可能一套定值适应所有挡位情况，这样反而给现场运行人员带来麻烦，所以还是建议现场使用多套定值区，每套定值区对应一个挡位，这样对应关系非常明确，不容易出错。

另外，调挡过程中补偿变压器的变比不变，调挡过程不会引起补偿变压器差流。不同挡位下补偿变压器的额定参数变化也不大，使用一套参数或多套参数影响均不大。

五、正负挡位调节及 TA 极性的影响

调压变压器的调挡结构比较特殊，其实际分接头只有挡位的一半，如现场有 9 挡，但分接头只有 5 个位置，同一个正反调压切换开关来调整接入主变压器的绕组极性。这就导致调挡过程中调压变压器的电流可能反向，正反调压切换开关相当于改变了 TA 所在套管与绕组同名端的相对位置，由"绕组头"变成"绕组尾"。

对于 9 挡的变压器，极性开关正极时，由下而上 $1\sim5$ 挡，如图 3-4 所示，中压侧电压依次降低 1.25%，5 挡时为 $105\%U_\mathrm{N}$。

极性开关负极时，由下而上 $6\sim9$ 挡，如图 3-5 所示，中压侧电压依次降低 1.25%，9 挡时为 $95\%U_\mathrm{N}$。

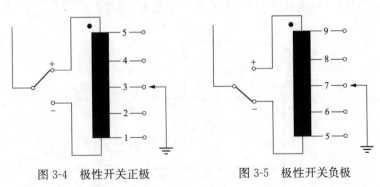

图 3-4　极性开关正极　　　　图 3-5　极性开关负极

中间挡位时，调压变压器相当于被短路，主变压器的公共绕组末端直接接地。

从以上分析可以看出，固定的 TA 极性接入无法满足差动保护要求，保护装置需要根据实际挡位自适应地调整差动保护所使用的 TA 极性。

此外，不同时期工程的 TA 配置方式不同。早期特高压工程补偿变压器的二次绕组未配置独立 TA，而是使用主变压器低压绕组和调压变压器的二次绕组求适量和计算出的。导致 TA5 和 TA6 同时应用于调压变压器和补偿变压器，此种情况无论 TA 如何设置极性，均会导致调压变压器或补偿变压器用一方极性不能满足，因此也需要装置对其极性进行特殊处理。

调压变压器差动角侧电流 TA5，星侧电流 TA4＋TA6。

要求 TA5 正接，TA4、TA6 反接，如图 3-6 所示。

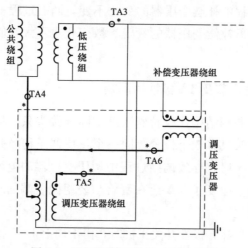

图 3-6　TA5 正接，TA4、TA6 反接

补偿变压器差动一次电流 TA6，二次电流 TA3＋TA5。

要求 TA3、TA5 正接，TA6 反接，如图 3-7 所示。

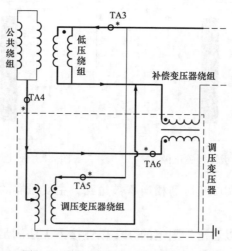

图 3-7　TA3、TA5 正接，TA6 反接

对于新上工程，统一补偿变压器二次绕组会额外增加一个 TA8，使用 TA8 用于补偿变压器差动计算，从而不同模式的调压补偿变压器装置无须因此问题进行极性调整，不过挡位翻转造成的极性问题仍需装置内部处理。

六、有载调压引入的问题

主体变压器和补偿变压器同常规变压器相同，其调挡过程中变压器变比变化很小，由于调压抽头改变的匝数相对于变压器总匝数来说基本可以忽略，在保护装置中可通过启动定值的适当放大解决此问题。因此有载调压对其保护影响不大。

但有载调压对调压变压器保护影响很大。有载调压存在的问题集中体现在有载调压过程中定值的切换问题上。对于特高压调压变压器来说挡位变化时如不切换适当的定值，会出现由于调压过程中匝比变化太大，不平衡差流导致保护误动作的情况。

针对此问题，可采用两种方案：

（1）在调压过程中退出调压变压器保护。无论采取何种处理方法，都要降低调压变压器保护灵敏度，调压变压器保护的配置是补充调压变压器小匝间短路灵敏度不足的，如果这个补偿失效，也可以退出调压变压器保护。退出不等于没有保护，非电量的瓦斯保护可作为保调压变压器小匝间短路的主保护，而主体变压器差动应对调压变压器的其他严重短路故障。

（2）对调压变压器保护进行有条件的保留，保留的差动保护通过降低灵敏度来解决匝数变化导致的误动问题。在实施中是给调压变压器差动保护增加一个不灵敏差动，调压过程中退出原有的灵敏差动，投入不灵敏差动保护。

不灵敏差动是匝比与平衡系数不匹配造成的，因此，对于不灵敏差动保护来说，由于调前匝数和调后匝数是已知的，其平衡系数需要兼顾调压前后匝数，两者取平均值。且该差动在调挡过程中可能持续存在差流。对于不灵敏差动保护应适当抬高动作定值和动作特性曲线，以防止保护的误动作。

第三节　特高压主变压器保护配置

特高压变压器使用主变压器＋调压变压器、补偿变压器的变压器连接方式，须为调压变压器和补偿变压器单独配置差动保护以提高其区内故障匝间故障时的灵敏度。

因此，完整的特高压变压器保护包括四个部分：特高压主变压器电量保护、特高压主变压器非电量保护、调压补偿变压器电量保护、调压补偿变压器非电量保护。下面仅对电量部分进行说明。

一、主变压器保护配置

主变压器为分相自耦变压器、高中压侧 3/2 接线、低压侧双分支。主保护及后备保护配置同常见的 500kV 变压器保护相近，但取消了低压侧小区差动，增加了低压侧失灵连跳。具体的保护配置及 TA 接线图如图 3-8 所示。

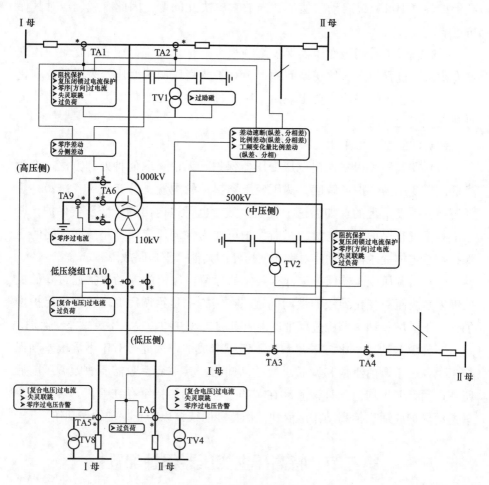

图 3-8 典型应用配置

各差动保护安装位置如图 3-9 所示。

各种差动保护可以反应的故障类型如表 3-6 所示。

主变压器保护功能配置表如表 3-7 所示。

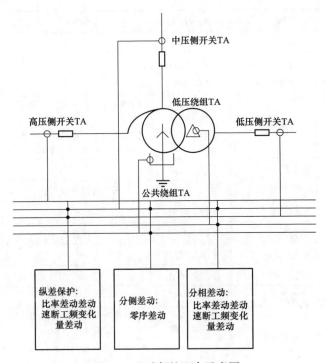

图 3-9　差动保护配合示意图

表 3-6　　　　　　　　　　各种差动保护可以反应的故障类型

保护内容	反应的故障类型
纵差保护 （广泛使用的比率差动保护）	基于变压器磁平衡原理，可以保护变压器各侧开关之间的相间故障、接地故障及匝间故障
分侧差动及零序差动	基于电流基尔霍夫定律的电平衡，可以反应自耦变压器高压侧、中压侧开关到公共绕组之间的各种相间故障、接地故障
分相差动	基于变压器磁平衡原理，可以反应高压侧、中压侧开关到低压绕组之间的各种相间故障、接地故障及匝间故障

表 3-7　　　　　　　　　　主变压器保护功能配置表

类别	功能描述	段数及时限	说明	备注
主 保 护	差动速断	—	—	—
	纵差保护	—	—	—
	分相差动保护	—	—	—
	分侧差动保护	—	—	—
	故障分量差动保护	—	—	自定义

续表

类别	功能描述	段数及时限	说明	备注
高后备	相间阻抗保护	Ⅰ段2时限	—	—
	接地阻抗保护	Ⅰ段2时限	—	—
	复压过电流保护	Ⅰ段1时限	—	—
	零序过电流保护	Ⅰ段1时限 Ⅱ段1时限	Ⅰ段固定带方向，方向指向母线 Ⅱ段不带方向 方向元件和过电流元件均取 自产零序电流	—
	定时限过励磁告警	Ⅰ段1时限	—	—
	反时限过励磁	—	可选择跳闸或告警	—
	失灵联跳	Ⅰ段1时限	—	—
	过负荷保护	Ⅰ段1时限	固定投入	—
中后备	相间阻抗保护	Ⅰ段2时限	—	—
	接地阻抗保护	Ⅰ段2时限	—	—
	复压过电流保护	Ⅰ段1时限	—	—
	零序过电流保护	Ⅰ段2时限 Ⅱ段2时限	Ⅰ段带方向，固定指向母线 Ⅱ段不带方向 方向元件和过电流元件均取 自产零序电流	—
	失灵联跳	Ⅰ段1时限	—	—
	过负荷保护	Ⅰ段1时限	固定投入	—
低绕组后备	过电流保护	Ⅰ段2时限	—	—
	复压过电流保护	Ⅰ段2时限	固定经本侧复压闭锁	—
	过负荷保护	Ⅰ段1时限	固定投入	—
低1分支后备	过电流保护	Ⅰ段2时限	—	—
	复压过电流保护	Ⅰ段2时限	固定经本分支复压闭锁	—
	失灵联跳	Ⅰ段1时限	—	—
	零序过电压告警	Ⅰ段1时限	固定采用自产零压	—
	过负荷保护	Ⅰ段1时限	固定投入，取低压1分支和 低压2分支和电流	—
低2分支后备	过电流保护	Ⅰ段2时限	—	—
	复压过电流保护	Ⅰ段2时限	固定经本分支复压闭锁	—
	失灵联跳	Ⅰ段1时限	—	—
	零序过电压告警	Ⅰ段1时限	固定采用自产零压	—
公共绕组	零序过电流保护	Ⅰ段1时限	自产零流和外接零流"或"门判别	—
	过负荷保护	Ⅰ段1时限	固定投入	—

二、调压补偿变压器保护配置

虽然调压变压器和补偿变压器保护的保护对象是独立的，但因为共用部分 TA，且为了方便组屏和现场维护，二者通常集中在同一个机箱中。仅配置差动保护作为主保护，不配置差动速断及后备保护。为提高保护灵敏度，也可以配置故障分量保护。

其中对于有载调压变压器，调压变压器可配置一段不灵敏的差动保护。

调压补偿变压器支持的定值区数目多于常见变压器，通常每个挡位需要一个独立的定值区。

保护功能配置表如表 3-8 所示。

表 3-8　　　　　　　　　　　保护功能配置表

对象	保护类型	段数	每段时限数	备注
补偿变压器	分相差动保护	—	—	—
	故障分量差动保护	—	—	自定义
调压变压器	分相差动保护（灵敏段）	—	—	—
	分相差动保护（不灵敏段）	—	—	—
	故障分量差动保护	—	—	自定义

调压补偿变压器保护 TA 配置如下：调压变压器分相差动保护由公共绕组 TA、补偿变压器星侧 TA 及调压变压器角侧 TA 构成；补偿变压器分相差动保护由补偿变压器星侧 TA 及补偿变压器角侧 TA 构成。

三、装置输入接口

（1）主体变压器模拟量输入如下：

1）高压 1 侧电流 I_{h1a}、I_{h1b}、I_{h1c}。

2）高压 2 侧电流 I_{h2a}、I_{h2b}、I_{h2c}。

3）中压 1 侧电流 I_{m1a}、I_{m1b}、I_{m1c}。

4）中压 2 侧电流 I_{m2a}、I_{m2b}、I_{m2c}。

5）低压 1 分支电流 I_{l1a}、I_{l1b}、I_{l1c}。

6）低压 2 分支电流 I_{l2a}、I_{l2b}、I_{l2c}。

7）低压侧三角内部套管（绕组）电流 I_{ra}、I_{rb}、I_{rc}。

8）公共绕组电流 I_{ga}、I_{gb}、I_{gc}。

9）公共绕组零序电流 I_{g0}（可选）。

10）高压侧电压 U_{ha}、U_{hb}、U_{hc}。

11）中压侧电压 U_{ma}、U_{mb}、U_{mc}。

12）低压 1 分支电压 U_{l1a}、U_{l1b}、U_{l1c}。

13）低压 2 分支电压 U_{l2a}、U_{l2b}、U_{l2c}。

（2）主体变压器开关量输入如下：

1）主保护（包括差动速断、纵差、分侧差动、分相差动、故障分量差动）硬压板。

2）高压侧后备保护硬压板。

3）高压侧电压硬压板。

4）中压侧后备保护硬压板。

5）中压侧电压硬压板。

6）低压绕组后备保护硬压板。

7）低压 1 分支后备保护硬压板。

8）低压 1 分支电压硬压板。

9）低压 2 分支后备保护硬压板。

10）低压 2 分支电压硬压板。

11）公共绕组后备保护硬压板。

12）高压侧失灵联跳开入。

13）中压侧失灵联跳开入。

14）低压 1 分支失灵联跳开入。

15）低压 2 分支失灵联跳开入。

16）远方操作硬压板。

17）保护检修状态硬压板。

18）信号复归。

19）启动打印（可选）。

（3）主体变压器开关量输出如下：

1）保护跳闸出口如下：①跳高压侧断路器（2 组）；②启动高压侧失灵保护（2 组）；③跳中压侧断路器（2 组）；④启动中压侧失灵保护（2 组）；⑤跳低压 1 分支断路器（1 组）；⑥启动低压 1 分支失灵保护（1 组）；⑦跳低压 2 分支断路器（1 组）；⑧启动低压 2 分支失灵保护（1 组）；⑨跳闸备用 1(1 组)；⑩跳闸备用 2（1 组）；⑪跳闸备用 3（1 组）；⑫跳闸备用 4（1 组）。

2）信号触点输出如下：①保护动作（3 组：1 组保持，2 组不保持）；②过负荷（至少 1 组不保持）；③运行异常（含过励磁、TA 断线、TV 断线等，至少 1 组不保持）；④装置故障（至少 1 组不保持）。

（4）调压补偿变压器模拟量输入如下：

1）补偿变压器星侧电流 I_{bca}、I_{bcb}、I_{bcc}。

2）调压变压器角侧电流 I_{tya}、I_{tyb}、I_{tyc}。

3）公共绕组电流 I_{ga}、I_{gb}、I_{gc}。

4）补偿变压器角侧电流 I_{rza}、I_{rzb}、I_{rzc}。

（5）调压补偿变压器开关量输入如下：

1）调压变压器差动保护（包括分相差动、故障分量差动）硬压板。

2）补偿变压器差动保护（包括分相差动、故障分量差动）硬压板。

3）有载调挡硬压板。

4）远方操作硬压板。

5）保护检修状态硬压板。

6）信号复归。

7）启动打印（可选）。

（6）调压补偿变压器开关量输出如下：

1）保护跳闸出口如下：①跳高压侧断路器（2 组）；②启动高压侧失灵保护（2 组）；③跳中压侧断路器（2 组）；④启动中压侧失灵保护（2 组）；⑤跳低压 1 分支断路器（1 组）；⑥启动低压 1 分支失灵保护（1 组）；⑦跳低压 2 分支断路器（1 组）；⑧启动低压 2 分支失灵保护（1 组）；⑨跳闸备用 1（1组）；⑩跳闸备用 2（1 组）；⑪跳闸备用 3（1 组）；⑫跳闸备用 4（1 组）。

2）信号触点输出如下：①保护动作（3 组：1 组保持，2 组不保持）；②运行异常（至少 1 组不保持）；③装置故障（至少 1 组不保持）。

第四节　现场操作注意事项

对于调压变压器的不同挡位和定值区，现场运行时，如果是停电调挡，那么停电后将保护的定值区切换到目标挡位的定值区，就可以投入运行了。

如果是不停电调挡，需要将"有载调挡硬压板"投入。当"有载调挡硬压板"投入时，灵敏段差动保护处于闭锁状态。这是由于调压变压器的调挡范围很大，如果变压器从 A 挡位切换到 B 挡位时，变压器已切换到 B 挡位，而保护定值仍是 A 挡位，可能造成保护误动。因此设置"有载调挡硬压板"，在有载调压期间，将"有载调挡硬压板"投入，此时闭锁灵敏段差动保护。调挡后调整保护定值区，之后退出"有载调挡硬压板"。当"有载调挡硬压板"退出时，不灵敏段差动保护自动退出。

但当考虑到中间挡附近调挡或涉及调压变压器极性开关变位的调挡时，由于差流计算方式发生改变（不计入调压变压器星侧电流），此时区外故障易误动，此范围调挡过程中需退出调压变压器保护。以 21 挡变压器为例，通常建议当调挡涉及 9～13 挡范围时，退出调压变压器保护。

第四章

特高压交流串联补偿保护与控制技术

第一节　串联补偿保护与控制的原理

一、概述

随着我国经济社会的发展，对电网的送电容量需求越来越大。电容器串联补偿作为提高长距离线路输电能力的手段在我国的电网规划中越来越受到各方的关注。

我国的能源分布主要集中在中西部，而用电负荷主要集中在东部和南部，因此长距离输电是电网建设的必然。随着经济的发展，建设新的输电线路所需的走廊也越来越紧张。在现有的输电线路上增加串联补偿设备能够显著提高输电线路的输电能力，解决输电线路输电能力不足的问题，因此串联补偿设备在输电系统中的应用越来越广泛。

串联补偿电容器的容抗在交流系统中呈现负电抗的形式，因此将电容器串联到输电线路中能够补偿输电线路中的感抗，使输电线路等效感抗变小，能够显著提高输电能力。

输电线路安装固定串联补偿设备，能够实现以下目标：

（1）提高输电线路的输电能力。

（2）提高系统的暂态稳定性。

（3）改变系统功率分布，降低网损。

（4）改变沿线的电压分布等。

固定串联补偿系统的典型系统结构如图 4-1 所示。

（一）串联补偿系统主要由以下设备构成

1. 电容器组

电容器组为系统提供容抗，以达到补偿输电线路感抗的效果，缩短两变

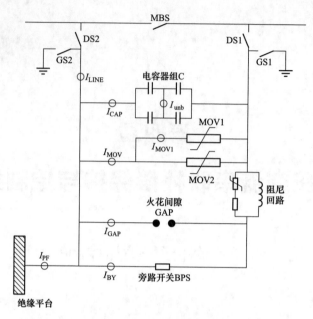

图 4-1 固定串联补偿系统一次接线图

电站之间的电气距离，提高系统暂态稳定性。

2. 金属氧化物限压器（MOV）

MOV 具有良好的非线性特性，能够为电容器组提供过电压保护，限制电容器组上的过电压在保护水平（标幺值一般为 2.0～2.5）以内，保证电容器组安全运行。

3. 火花间隙

从发出强制导通命令到火花间隙完全导通不超过 1ms，防止 MOV 因吸收能量过多而损坏。

4. 阻尼设备

阻尼设备包括阻尼电抗与线性电阻串小间隙（或非线性电阻），当串联补偿设备旁路时，使电容器储存的能量迅速阻尼衰减。

5. 旁路开关

旁路开关合闸时间相对于火花间隙导通时间较长，但能使火花间隙灭弧，此外还能为串联补偿设备提供正常操作和检修功能。

6. 控制保护系统

串联补偿控制保护系统保护装置和间隙触发系统按双套冗余配置，串联补偿断路器控制装置采用常规断路器测控装置，只配置一台装置。规约转换和远动装置根据实际情况进行配置，配合远动装置能够对串联补偿实现远方顺序控制，实现串联补偿站无人值守。

二、串联补偿的保护原理

串联补偿保护装置可提供一套固定串联补偿所需要的保护。根据所需保护的设备功能来分，主要包括：①电容器保护——电容器过负荷保护、电容器不平衡保护；②MOV 保护——高电流保护、能量保护、温度保护、不平衡保护；③火花间隙保护——间隙自触发保护、拒触发保护、延迟触发保护、持续导通保护；④开关保护——三相不一致保护、失灵保护；⑤线路电流监视；⑥平台闪络保护。保护对应的测点如图 4-2 所示。

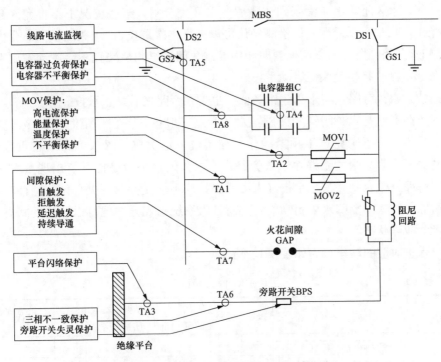

图 4-2　典型固定串联补偿保护的应用配置

下面就本书涉及的几个名词进行简单解释。

（1）报警：一般针对异常或影响较小的简单故障，在这种情况下系统给出报警信息，提醒运行人员注意，但装置本身不对系统进行任何操作。

（2）旁路：与常规保护中的跳闸类似，当出现严重故障而有可能对系统造成损害时，保护装置发旁路开关合闸命令，使电容器组被旁路，串联补偿退出运行。

（3）触发间隙：当出现非常严重的故障，需要在极短的时间（小于 5ms）

内将电容器组旁路时，由于开关固有合闸时间在 30ms 左右，不能满足要求，这时需要触发火花间隙，使其导通，达到快速旁路的作用。间隙不能自熄弧，因此在间隙放电击穿后仍需要合旁路开关使间隙熄弧。

（4）重投：与常规保护中的重合闸类似。对于某些瞬时故障，在旁路开关合闸后躲过故障，等系统恢复正常后应自动将串联补偿系统重新投入运行，此时需要保护装置发旁路开关分闸命令使串联补偿重新投入运行。

（5）暂时闭锁：在检测到故障后旁路开关合闸，在某些情况下，后续的一段时间内不允许对旁路开关进行任何分闸操作，直到达到暂时闭锁复归时间。

（6）永久闭锁：在检测到故障后旁路开关合闸，某些情况下不再允许分闸操作，除非经过运行人员检测确认可以进行再次重投，"永久闭锁"命令由"复归永久闭锁"开入复归。暂时闭锁或永久闭锁复归后装置不会主动发出重投命令，除非有相关保护启动重投。

（7）永久旁路：与永久闭锁类似，也是在旁路之后禁止重投。

永久旁路与永久闭锁的区别：永久旁路一般指开关在一定时间内多次旁路、重投，为了避免过于频繁动作，在超过一定次数后永久旁路禁止重投，此时需要人为分闸才能解除永久旁路；而永久闭锁一般是指系统出现重大故障时旁路开关合闸并禁止重投（人工或保护均不能使旁路开关分闸），直到故障解除后，人为复归永久闭锁信号。前者为系统出现异常但可以调整的状态，后者为故障状态。

保护对应的动作行为如表 4-1 所示。

表 4-1　　　　　　　　　　保护动作行为表

设备	保护功能	报警	旁路	触发间隙	永久闭锁	暂时闭锁	永久旁路	重投	其他
电容器	电容器过负荷告警	●							—
	电容器过负荷旁路	●	●			●			—
	电容器不平衡告警	●							—
	电容器不平衡低定值保护		●	●					—
	电容器不平衡高定值保护		●		●				—
MOV	MOV 高电流保护		●	●		●		●	—
	MOV 能量低定值		●	●				●	—
	MOV 能量高定值		●			●			—
	MOV 温度保护		●	●					—
	MOV 不平衡保护	●	●	●					—

续表

设备	保护功能	报警	旁路	触发间隙	永久闭锁	暂时闭锁	永久旁路	重投	其他
火花间隙	间隙自触发保护		●						—
	间隙持续导通保护		●		●				远跳线路
	间隙拒/延迟触发		●		●				—
旁路开关	旁路开关合闸失灵		●		●				远跳线路
	旁路开关分闸失灵		●		●				—
	旁路开关三相不一致		●		●				—
其他	平台闪络保护		●		●				—
	线路联跳串联补偿保护		●			●		●	—
	线路电流监视	●							闭锁重投

注 黑点代表有相应动作。

（一）电容器保护

1. 电容器过负荷保护

电容器过负荷保护以反时限特性对电容器电流进行连续监视并且同定时限过电流相配合，如表 4-2 所示。当电容器电流标幺值超过 1.10 后 1s，启动告警，当电流标幺值小于 1.05 时，告警信号保持 10s 后自动消失。当电容器电流标幺值超过 1.10 时，电容器过负荷保护开始计时直到电流标幺值小于 1.05 或电容器组被旁路，以上两者任一出现后计时清零，不再计时。

表 4-2 **电容器过负荷反时限特性表**

电容器电流（标幺值）	持续时间
1.0	连续运行
1.1	8h
1.35	30min
1.5	10min
2.0	1s

任一相过负荷保护动作后，暂时闭锁（15min），复归暂时闭锁，若线路电流三相均满足重投条件则发出重投允许命令，若串联补偿保护没有其他旁路命令及闭锁信号，串联补偿保护发分闸命令。

2. 电容器不平衡保护

对于内熔丝型电容器，电容器元件损坏时产生的不平衡电流较小，电容器不平衡保护是通过测量电容器组分支的中点间电流的方法，来检查内部熔丝熔断而造成的 H 形连接的电容器组中的不平衡电流。电容器不平衡电流不同测量方式如图 4-3 所示。

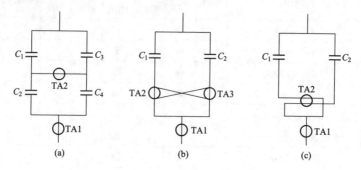

图 4-3　电容器不平衡电流不同测量方式

电容器不平衡保护分为电容器不平衡告警和电容器不平衡旁路动作。其中电容器不平衡告警的整定值设置在较低水平，以便能给出预先提醒，告知运行人员作计划停运串联补偿更换掉故障元件。电容器不平衡旁路动作的整定值设置在较高水平，此时旁路断器将合闸，将电容器组旁路。

电容器不平衡保护采用比率制动原理，其动作特性如图 4-4 所示。

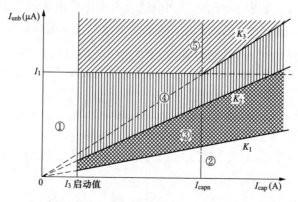

图 4-4　电容器不平衡保护特性

在①区内不平衡告警与低定值旁路均不会启动，理论上高定值旁路可能会启动；在②区告警、低定值、高定值均不会动作；在③区告警满足条件；在④区告警与低定值旁路均满足条件；在⑤区三者全部满足条件。

（二）MOV 保护

1. MOV 高电流保护

MOV 一般分两组进行安装，为保证 MOV 高电流保护动作的可靠性，同时又不降低其动作的速动性，MOV 电流瞬时值高于 MOV 高电流定值后固定延时几百个微秒保护动作。

　　MOV 高电流动作后暂时闭锁时间准备重投，若线路满足重投条件、无高温高能量闭锁且非多相故障则发出重投允许命令，同时暂时闭锁复归。若重投条件不满足则在自动重投复归时间后发出三相旁路令，不再重投，同时暂时闭锁复归。

　　2. MOV 能量保护

　　MOV 能量保护分为两段定值，即能量低定值、能量高定值，MOV 能量低定值保护动作后允许单相旁路，而高定值保护动作后则三相旁路，并暂时闭锁 1min，1min 后暂时闭锁返回，但不自动重投。

　　MOV 能量保护动作逻辑如图 4-5 所示。

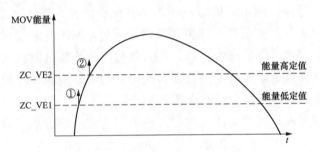

图 4-5　MOV 能量保护动作逻辑

　　如图 4-5 所示，当 MOV 总电流出现后开始启动能量计算。当 MOV 能量达到能量低定值（ZC_VE1）且处于上升趋势时，短时能量保护动作（图 4-5 ①处），暂时闭锁（ZC_T1）后准备重投；当 MOV 能量高于能量高定值 ZC_VE2（图 4-5②处）时，暂时闭锁重投，并且三相旁路，在大约 60s 左右后能量下降到一定程度，暂时闭锁返回，保护不会自动重投。能量保护重投过程与 MOV 高电流保护一致。

　　3. MOV 温度保护

　　MOV 温度通过测量外部实际环境温度在 MOV 热模型中不断计算环境温度，在正常情况下 MOV 温度与环境温度基本一致，当 MOV 有电流流过注入能量，且注入能量高于 MOV 自身散发的能量时，MOV 温度逐渐升高，注入能量越大升温越快。

　　MOV 高温保护有两段定值，包括高温旁路定值与高温重投闭锁定值，一般来说前者数值高于后者，假设高温旁路定值为 135℃，高温重投闭锁定值 65℃，正常情况下 MOV 温度近似于环境温度 20～40℃，当 MOV 有电流流过时，温度开始升高，当温度超过 135℃时高温保护旁路动作，同时闭锁重投，暂时闭锁，旁路开关合上后 MOV 电流消失，温度逐渐下降，当温度低于 65℃以下暂时闭锁返回，但自身不会自动重投。

4. MOV 不平衡保护

一旦 MOV 故障，MOV 两个分支中流过的电流将不平衡，若其中某一分支电流过大将导致 MOV 损坏。MOV 不平衡保护监测 MOV 两个分支间的不平衡电流，该电流在一定时间内大于定值，将发触发命令、旁路命令、永久闭锁并告警。

（三）间隙保护

1. 间隙自触发保护

如果之前没有发出触发命令（且另一套串联补偿保护没有间隙触发信号，该信号由另一套保护输出一副触点作为本套保护的开入接入本套保护装置）而出现间隙电流且其幅值高于定值，固定延时后，间隙自触发保护动作，三相旁路，暂时闭锁时间后准备重投，若为单相故障且线路电流满足重投条件则发出重投允许命令，最后保护根据其他保护的动作情况和闭锁信号判断是否发分闸命令。否则立即三相旁路且永久闭锁。

若在时间窗内自触发动作次数超过自触发允许动作次数定值，则三相旁路将永久闭锁，不再重投。注意这里的动作次数是分相计数，即 A 相动作一次，B 相动作一次，并不会统计为两次。

2. 间隙持续导通保护

间隙持续导通保护并不检测是否有触发命令发出，从检测到间隙电流有效值高于定值，延时后若间隙电流依然高于 SG_I1 则发出远跳线路命令、三相旁路令，同时永久闭锁。

3. 间隙延迟触发与拒触发保护

延迟触发与拒触发时间逻辑如图 4-6 所示。

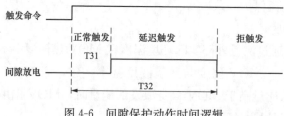

图 4-6　间隙保护动作时间逻辑

如果保护发出间隙触发命令后，间隙电流瞬时值在时间 T31～T32 有几个采样点高于定值，那么判为延迟触发，若在 T32 后不管是否有间隙电流出现，均判为拒触发，延迟触发与拒触发动作后均为三相旁路且永久闭锁。

（四）开关保护

1. 旁路开关三相不一致保护

旁路开关三相不一致保护需要同时判断旁路开关的合闸位置继电器（HWJ）与跳闸位置继电器（TWJ），注意保护装置输入的旁路开关位置触点为经过开关转换后的触点。

所谓开关位置明确是指每相开关的 HWJ 与 TWJ 不均为 0 或不均为 1。

当任意一相旁路开关的 TWJ 和 HWJ 同时为 0 或同时为 1 时，保护发开关位置异常告警信号，点亮告警灯。

当三相不一致保护投入，任意两相开关位置明确且相间不一致，经整定延时后判为旁路开关三相不一致，发三相旁路命令。

2. 旁路开关失灵保护

旁路开关失灵保护包括旁路开关合闸失灵保护与旁路开关分闸失灵保护。旁路开关合闸失灵将远跳线路开关并再发一次三相旁路令。并非所有旁路动作都会启动合闸失灵，而是基于"非电量保护不启动失灵"的原则，如三相不一致不启动失灵，旁路开关分闸失灵后永久旁路合闸，再次失灵也不再启动失灵保护。

（五）线路电流监视

"×相线路电流允许重投"为其他保护重投前对线路的判定条件，只有在"线路电流允许重投"情况下允许重投，对于要求线路重合闸之前投串联补偿的场合，线路空载电流值可设为 0。当线路电流高于定值时，闭锁重投。

（六）线路联跳串联补偿保护

所谓的线路联跳串联补偿（电容器放电保护）是指当线路故障时，线路保护装置发出远跳信号给串联补偿保护装置，电容器组立即旁路，以避免线路故障对串联补偿系统造成损害。该保护的另一个作用就是减少线路开关分闸时暂态恢复电压（TRV）的影响，在串联补偿线路中线路开关分闸时串联电容器的存在会导致开关触头间产生很高的电压，即 TRV，TRV超过开关开断能力的后果是开关重击穿，会产生如系统过电压、故障切除推迟及开关损坏等有害作用。因此有必要在开关开断前对串联电容器旁路并使其放电。

此外，在区内故障时迅速将串联补偿旁路退出运行还有利于潜供电流自灭，有利于提高线路重合闸成功率。

当串联补偿保护装置收到保护发送来的线路跳闸命令时，启动线路联跳串联补偿。

三、串联补偿的控制原理

对于固定串联补偿来说，串联补偿的控制相对比较简单，主要是控制电容器的投退，涉及开关、隔离开关的操作，如图4-7所示，在有些工程中可能没有配置接地开关GS3、GS4。

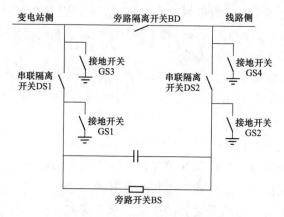

图 4-7　串联补偿断路器配置图

为了防止误操作，串联补偿开关、隔离开关的操作之间有相关的联锁关系。

1. 旁路开关 BS 闭锁逻辑

旁路开关的操作不受任何闭锁逻辑限制。

2. 串联隔离开关 DS1/DS2 的闭锁逻辑

串联隔离开关 DS1/DS2 的闭锁逻辑如图 4-8 所示。

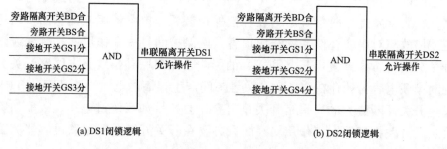

(a) DS1闭锁逻辑　　　　　　　　　(b) DS2闭锁逻辑

图 4-8　串联隔离开关 DS1/DS2 的闭锁逻辑

3. 旁路隔离开关 BD 闭锁逻辑

旁路隔离开关 BD 闭锁逻辑如图 4-9 所示。

图 4-9 旁路隔离开关 BD 闭锁逻辑

4. 接地开关闭锁逻辑

接地开关闭锁逻辑如图 4-10 所示。

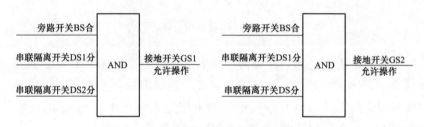

图 4-10 接地开关闭锁逻辑

如图 4-11～图 4-14 所示，串联补偿根据其断路器位置，可以分为四种典型状态：运行态、旁路态、隔离态、接地态。

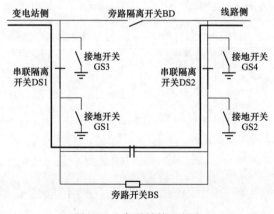

图 4-11 串联补偿运行态

89

运行态是串联补偿的基本工作状态，在这种状态下串联电容器投入运行，串联补偿真正发挥作用。

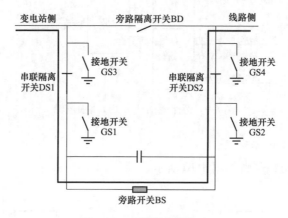

图 4-12　串联补偿旁路态

旁路态是串联补偿的一种临时工作状态，一般是在串联补偿正式投入运行前或退出运行前需要先置为旁路态，或者是在串联补偿发生内部故障时也是立即转为旁路态，串联补偿在旁路态下阻尼回路中电抗器被串入线路中，因此旁路态不适合长期带电运行，这个时候需要转为隔离态。

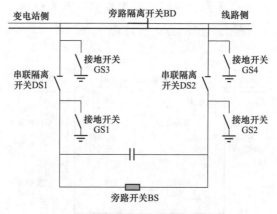

图 4-13　串联补偿隔离态

当串联补偿因为较长时间停运时，为了不影响串联补偿所在线路的运行，需要将串联补偿转为隔离态。

当需要到串联补偿平台上对设备进行检修维护时，需要将串联补偿转为

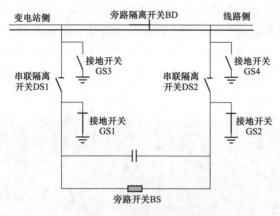

图 4-14 串联补偿接地态

接地态，注意由于串联补偿平台上电容器是储能设备，为了安全起见，当串联补偿从运行转为接地态后，至少需要等待 30min，确保电容器组充分放电后人员才能登上平台。

除了运行态外，其他状态下旁路开关均处于合位状态。

切换几种状态时，断路器的操作有一定顺序，如图 4-15 所示。

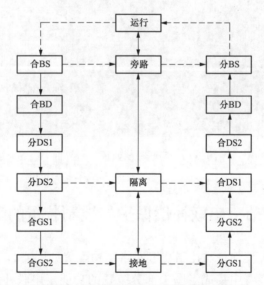

图 4-15 串联补偿状态操作切换过程

当串联补偿从隔离态转为旁路态，在合 DS1 时，由于串联补偿平台与线路之间对地电容的存在，此时隔离开关操作会有显著的拉弧现象，当合 DS2 时由于串联补偿平台与线路已经等电位，该隔离开关操作基本不会有拉弧现象。同样当串联补偿从旁路态转为隔离态，当分 DS2 时，串联补偿平台与线路分离，同样由于对地电容，DS2 隔离开关操作会有比较明显的拉弧现象。

串联补偿几个状态的切换过程比较烦琐，因此一般设备厂家会在串联补偿监控后台上设为顺控功能，通过点击不同状态，可以自动实现断路器的操作，如图 4-16 所示。

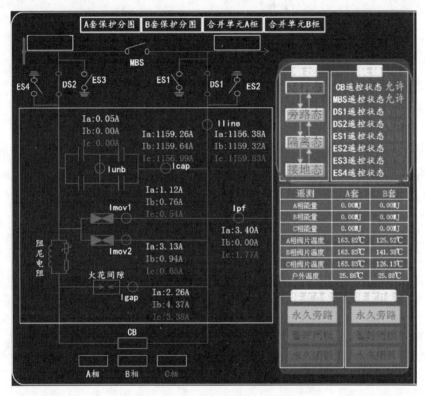

图 4-16　串联补偿监控后台界面

第二节　串联补偿保护与控制装置的配置

典型的串联补偿保护与控制装置网络结构配置如图 4-17 所示，不同厂家可能会在同一个装置中集成了图中部分装置的功能。串联补偿保护与控制装置主要包括冗余配置的保护装置、控制装置、测量装置、故障录波装置、监控后台、网络通信及五防系统等。

一套串联补偿保护与控制系统的典型屏柜配置如图 4-18 所示。

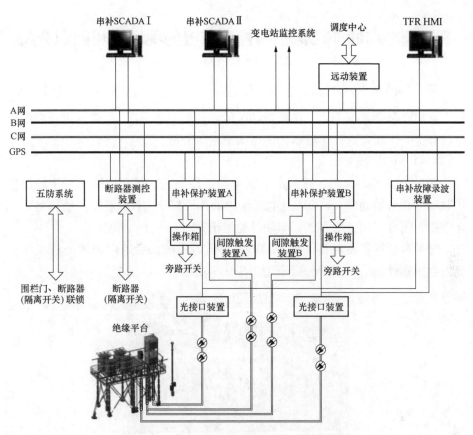

图 4-17 串联补偿控制保护系统网络配置图

FSC保护A屏	FSC保护B屏	测控屏	HMI屏	故障录波屏
间隙辅助触发	间隙辅助触发	测控装置	显示器	故障录波器
固定串补保护	固定串补保护	测控装置	工控机	
合并单元	合并单元			显示器
				工控机
操作箱	操作箱		交换机	交换机
			交换机	

图 4-18 串联补偿屏柜典型配置图

第三节　串联补偿保护与控制装置的现场应用问题分析

一、一次设备相关

在串联补偿系统中，一次设备相关的问题主要集中在 MOV、火花间隙和电容器上，下面就这几个设备的典型案例进行分析。

（一）MOV 损坏

2011 年 7 月，×××线固定串联补偿 I 段 A、B 两套系统均发生线路保护联动串联补偿动作、MOV 过电流保护动作、MOV 不平衡保护动作等，动作结果为闭合三相旁路开关，串联补偿退出运行，并永久闭锁。

上平台检查，发现有一支 MOV 发生压力释放，后返厂解体分析发现内部发生贯穿性闪络。MOV 现场图如图 4-19 所示。

图 4-19　MOV 现场图

A 系统保护动作相关的事件记录按时间次序依次有：

2011-07-19 14:27:21.283　A 相 MOV 过电流保护动作；

2011-07-19 14:27:21.284　A 相 MOV 不平衡保护动作；

2011-07-19 14:27:21.284　MOV 保护永久闭锁动作；

2011-07-19 14:27:21.284　A 相 MOV 温度保护动作；

2011-07-19 14:27:21.284　A 相 MOV 能量低值保护动作；

2011-07-19 14:27:21.284　A 相 MOV 能量高值保护动作；

2011-07-19 14:27:21.300　A 相线路联动串联补偿保护动作；

2011-07-19 14:27:21.373　A 相断路器合位动作；

2011-07-19 14:27:21.375　C相断路器合位动作；

2011-07-19 14:27:21.377　B相断路器合位动作。

"A相MOV过电流保护动作"分析：从图4-20的动作录波图上可以看出，在A相线路发生短路故障后，MOV1与MOV2支路均导通，在MOV1支路电流接近结束时，MOV2支路上出现频率很高且峰值很大的电流，最大峰值电流约为70kA，远大于MOV过电流保护的整定值12.1kA，故MOV过电流保护动作，保护动作正常。

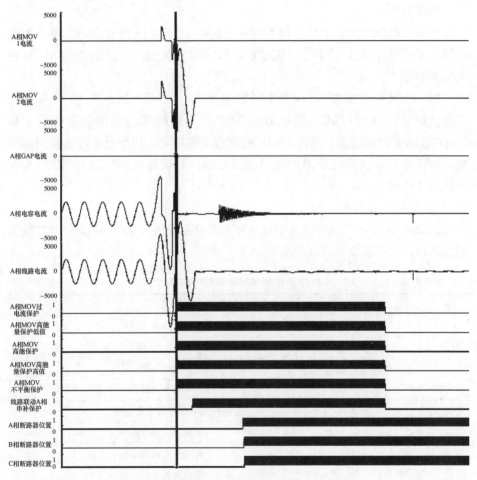

图 4-20　动作录波图

"A相MOV不平衡保护动作"分析：动作原因同MOV过电流保护动作相似，也是在MOV1支路电流接近结束时，MOV2支路上出现频率很高且峰值很大的电流，而此时MOV1电流几乎为0，故MOV不平衡保护动作，保护动作后合三相旁路开关，并永久闭锁，保护动作正常。

"A相MOV能量、温度保护动作"分析：动作原因同MOV过电流保护动作相似，也是在MOV1支路电流接近结束时，MOV2支路上出现频率很高且峰值很大的电流，导致计算的MOV能量和温度累积超过了其保护整定值（MOV能量低值、高值保护的动作值分别为13 200、21 210kJ，MOV能量低值、高值保护的整定值分别为12 200、20 790kJ，MOV温度保护的动作值为129℃，MOV温度保护的整定值为126℃），故初步分析MOV能量、温度保护动作正常。

原因分析：

Ⅰ段串联补偿MOV相关保护动作主要是MOV2支路有MOV单元发生故障，导致电容器从MOV2支路放电，MOV2电流过大，进而造成MOV相关保护动作。

MOV2支路故障前MOV吸收的能量仅约4.14MJ，远小于MOV能量低值保护的整定值12.2MJ。因此造成MOV2支路故障的原因初步分析不是MOV吸收的能量过大，本次MOV故障为个体缺陷，初步分析可能是内部个别阀片性能下降或其他原因导致内部沿面闪络，确切原因需待后续对MOV解体后才能确定。

（二）间隙自触发

2013年3月，×××线发生接地短路故障过程中，串联补偿间隙自触发保护动作，动作报文如表4-3所示。

表4-3　　　　　　　　　　串联补偿保护装置动作报文

串联补偿保护装置	
序号：	启动时间：2013-03-09 16：10：53：099
相对时间	动作元件
0	整组启动
25	C相间隙自触发旁路
26	间隙三相旁路
25	旁路开关A相合闸
25	旁路开关B相合闸
25	旁路开关C相合闸
26	暂时闭锁
28	线路跳闸C
28	线路联跳串联补偿三相旁路
528	线路联跳串联补偿重投允许

动作过程分析：

（1）－5～45ms：C 相线路出现故障电流，峰值最大电流 11 580A，45ms 线路保护切除故障电流。

（2）0ms：间隙电流出现并开始增大，此时 C 相 MOV 电流达到峰值 3600A 左右。

（3）25ms：间隙自触发保护动作，并将串联补偿三相旁路（由于手动闭锁重投压板投入，自触发保护动作后串联补偿不再重投）。

（4）28ms：收到 C 相线路跳闸命令，线路联跳串联补偿三相旁路动作（由于手动闭锁重投压板投入，因此该保护由单相旁路自动调整为三相旁路）。

（5）528ms：线路联跳串联补偿重投允许信号发出，但由于手动闭锁重投压板投入，串联补偿未发分闸命令，串联补偿最终三相永久旁路。

原因分析及建议：

从故障录波波形可以看出，在线路 C 相发生故障约 5ms 后，电容器电压峰值 224kV（保护水平 242kV）时，间隙发生自触发，此时 MOV 高电流保护和能量保护均未达到动作定值，未有任何保护主动发出间隙触发命令。

建议在串联补偿年度检修时对火花间隙的均压电容、密封间隙进行重点检查，以排除相关设备参数发生变化导致间隙发生自触发的客观因素。

火花间隙在保护未发触发命令时，发生了间隙自触发，初步分析原因可能是 C 相火花间隙的石墨球电极表面有毛刺，建议在适当的时候对火花间隙的石墨电极进行打磨处理。

（三）间隙自触发

2011 年 9 月，×××线路 C 相发生了线路故障，该线路串联补偿 C 相平台间隙自触发，随后串联补偿的 2 套保护系统给出了三相临时旁路的命令，串联补偿旁路 2s 后，重投成功。串联补偿设备厂家认为 C 相的火花间隙可能是以下五种原因导致自触发：

（1）间隙石墨电极之间的距离被改变了。

（2）下雨带来的高湿度。

（3）间隙石墨电极被污染。

（4）分压电容器有缺陷。

（5）触发间隙的误动作。

对此，在检修期间对串联补偿火花间隙的分压电容、套管电容进行容值测试，与出厂值基本一致。对触发间隙的放电电压进行测试，与出厂值基本一致。

通过试验未发现间隙有明显异常，最后认为该串联补偿C相自触发是一个小概率的事件。

（四）电容器单元损坏导致不平衡保护动作

2016年7月，×××线串联补偿电容器不平衡保护高定值动作，串联补偿三相旁路退出运行。根据现场反馈可知，登平台检查发现其中一个电容器单元内有两个元件发生损坏。

从图4-21可知A相电容器不平衡电流明显高于B、C相。

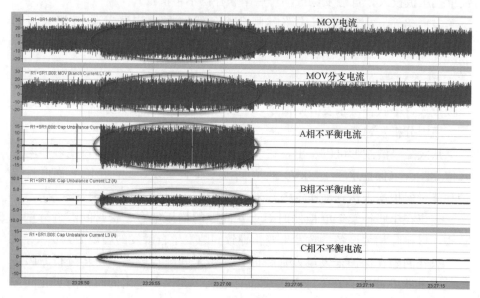

图4-21　电容器录波图

更换损坏的两支电容器后，不平衡电流恢复正常值范围内。

二、二次设备相关

由于串联补偿测量系统位于高压隔离平台上，平台上下之间的信号传递及电能供给主要通过光纤完成，这也是串联补偿相对于常规交流系统最重要的区别的之一。光信号的传递涉及激光供能模块、光电转换模块等，这也是串联补偿二次部分最容易出问题的设备。对于一般的板卡问题，采用更换备品备件的方式可以解决。但最严重的情况可能会导致保护误动。

（一）采样模块异常导致间隙保护误动

2012年9月，×××线串联补偿第二套保护A相间隙导通保护动作永久旁路串联补偿，当时线路无故障，当地天气晴朗。串联补偿第一套保护不动作。保护动作时序如表4-4所示。

表 4-4　　　　　　　　　　　　　保护动作时序

序号	时间（ms）	保护动作情况
1	−1006	串联补偿第二套保护 A 间隙电流−155A
2	−914	串联补偿第二套保护 A 间隙电流发生小幅波动，最小值达到−200A，一直持续到保护动作
3	0	串联补偿第二套保护 A 间隙导通保护动作
4	35	串联补偿三相开关合闸（串联补偿永久旁路）

根据故障录波分析，串联补偿保护动作之前，线路电流有效值为 460A 左右，串联补偿 A 相间隙电流直流分量达到−155A 左右，保护动作前 914ms 左右串联补偿 A 相间隙电流出现小幅波动，最低电流达到−200A，波动情况一直持续到间隙导通保护动作时刻。

串联补偿 A 相间隙导通保护动作 35ms 后，串联补偿三相永久旁路。串联补偿三相旁路过程中 A 相间隙电流直流分量发生正向偏移，保持在 40A 左右，暂态电流最高值达到 120A 左右。

经通流试验检查，发现第二套保护测量系统的光电转换装置与间隙电流对应的通道采样异常，出现莫名的直流偏置。更换备品后异常消失。录波图如图 4-22 所示。

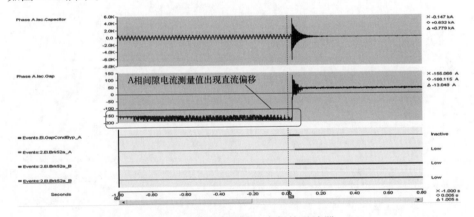

图 4-22　串联补偿第二套保护录波器

结论：×××线串联补偿第二套保护 A 相间隙电流测量采样回路直流分量出现异常偏大现象是造成本次保护动作的直接原因。

（二）光电转换模块故障率高

×××站为国外某厂家提供整体设备，其中串联补偿光电转换模块故障率高，投运 10 多年来多次出现光电转换模块告警、采样异常等故障，厂家未能彻底解决激光告警及采样异常问题。串联补偿模块故障已造成了串联补偿保护误动，平台上光电转换模块采用分散式布置，2008～2012 年共四年时间发生光电转换模块故障 35 次，无法升级解决，运行稳定性极差，测量系统升级后仍更换了 30 多个的光电转换模块，给运行维护造成很大影响，备品备件已无库存，需要从国外进口，周期长、设备昂贵。

　　建议：考虑对串联补偿控制保护装置进行国产化改造。

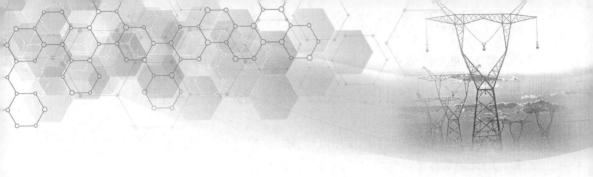

第五章

特高压交流变压器保护的调试方法

第一节　特高压主变压器保护的调试方法

一、准备工作

明确任务：PCS-978GC 变压器保护装置的测试。

（1）学习"变压器保护定期（全部/部分）检验作业指导书"。

1）工作准备：工器具、相关图纸及资料。

2）危险点分析及安全控制措施。

3）工作流程。

（2）熟悉保护屏屏上布置。

（3）掌握 PCS-978GC 装置的面板布置及菜单界面操作。

二、测试

（一）试验过程中应注意的事项

（1）断开直流电源后才允许插、拔插件，插、拔交流插件时应防止交流电流回路开路。

（2）存放程序的可擦除可编程只读存储器（EPROM）芯片的窗口要用防紫外线的不干胶封死。

（3）打印机及每块插件应保持清洁，注意防尘。

（4）调试过程中发现有问题时，不要轻易更换芯片，应先查明原因，当证实确需更换芯片时，则必须更换经筛选合格的芯片，芯片插入的方向应正确，并保证接触可靠。

（5）试验人员接触、更换芯片时，应采用人体防静电接地措施，以确保不会因人体静电而损坏芯片。

（6）原则上在现场不能使用电烙铁，试验过程中如需使用电烙铁进行焊接，应采用带接地线的电烙铁或电烙铁断电后再焊接。

（7）试验过程中，应注意不要将插件插错位置。

（8）因检验需要临时短接或断开的端子，应逐个记录，并在试验结束后及时恢复。

（9）使用交流电源的电子仪器（如示波器、毫秒计等）进行电路参数测量时，仪器外壳应与保护屏（柜）在同一点接地。

（二）通电前检查

（1）退出保护所有压板，断开所有空气断路器。

（2）检查装置内、外部无积尘、无异物；清扫电路板的灰尘。

（3）检查保护装置的硬件配置，各插件的位置、标注及接线应符合图纸要求。

（4）检查保护装置的元器件外观质量良好，所有插件应接触可靠，插件印刷电路板无机械损伤或变形，连线连接良好。

（5）检查各插件上变换器、继电器固定良好，无松动，各插件上元件焊接良好，芯片插紧，插件内跳线连接正确。

（6）检查各插件插入后接触良好，闭锁到位。

（7）检查切换开关、按钮、键盘等操作灵活、手感良好。

（8）检查保护屏端子螺栓紧固，压板接线压接可靠，螺栓紧固。

（9）检查配线无压接不紧、断线等现象。

（10）检查装置外部电缆接线与设计相符，满足运行要求。

（11）用万用表检查电源回路无短路或断路。

（12）检查保护装置的箱体或电磁屏蔽体与接地网可靠连接。

（13）检查二次熔断器（空气断路器）符合要求。

（三）上电检查

合上直流电源空气断路器，再合电源板上的船形小开关。

1. 装置上电后检验项目

检查项目及结果如表5-1所示。

表 5-1 检查项目及结果

检 查 项 目	结果
指示灯检查： "运行"灯为绿色，装置正常运行时点亮，熄灭表明装置不处于工作状态；"报警"灯为黄色，装置有报警信号时点亮；"跳闸"灯为红色，当保护动作并出口时点亮。 当"报警"灯由于 TA 断线点亮，必须待外部恢复正常，复位装置后才会熄灭，由于其他异常情况点亮时，待异常情况消失后会自动熄灭；"跳闸"信号灯只在按下"信号复归"或远方信号复归后才熄灭	
系统参数设置：进入系统参数定值菜单，进行 TA 二次额定电流、变压器容量、三侧一次电压值、TA 变比等设置	
液晶屏幕显示：液晶是否正常显示，若亮度异常，调节液晶对比度；实时时钟、变压器主接线、各相差流、频率、保护功能投退等信息显示正确	
打印测试：将打印机与微机保护装置的通信电缆连接好，联机打印测试正常	
时钟整定：保护装置在"运行"状态下，进入时钟设置菜单，进行年、月、日、时、分、秒的时间整定	
时钟失电保护功能检验：时钟整定好后，通过断、合电源开关的方法检验在直流消失一段时间的情况下走时仍准确、无误	

注 已检查的项目在结果列标注"√"。

2. 保护程序版本检查

若第一次上电，在主接线图或保护动作报告或自检报告状态下，按"取消"键即可进入主菜单。菜单为仿 Windows 开始菜单界面，在程序版本菜单下，液晶显示保护板、管理板和液晶板的程序版本及程序生成时间。校对软件版本是否符合要求，并记录在检验报告上，如表 5-2 所示。

表 5-2 检验报告

插 件	版本号	循环冗余校验码 （CRC）	形成日期
差动板			
后备板			
管理板			

3. 检查装置的参数设置

若装置出厂缺省设置不符合现场要求，进行相应的设置。

（四）二次回路外部绝缘电阻测试

1. 二次回路外部绝缘电阻测试

用 1000V 绝缘电阻表分别测量各回路对地的绝缘电阻，绝缘电阻要求大于 1MΩ。

2. 保护屏二次回路内部绝缘电阻测试

将保护装置的交流插件、出口插件及电源插件插入机箱，拔出其余插件；将打印机与微机保护装置断开；保护屏上各连片置"投入"位置。在保护屏端子排内侧分别短接交流电流和交流电压回路、保护直流回路、控制直流回路、信号回路的端子。

用 1000V 绝缘电阻表分别测量各组回路之间及各回路对地的绝缘电阻，绝缘电阻要求大于 1MΩ。

试验结果填入表 5-3。

表 5-3　　　　　　　　　　　　试验结果

检查内容	标准（新安装）	标准（定校）	试验结果
交流电流回路对地	大于 10MΩ	大于 1MΩ	
交流电压回路对地	大于 10MΩ	大于 1MΩ	
直流电压回路对地	大于 10MΩ	大于 1MΩ	
交直流回路之间	大于 10MΩ	大于 1MΩ	
出口继电器出口触点之间	大于 10MΩ	大于 1MΩ	

注意：试验接线连接要紧固，每进行一项绝缘试验后，须将试验回路对地放电。

（五）交流采样检验

进入"保护状态"菜单，选择"保护板状态"，检查装置显示保护板采样得到的各种模拟量、差动计算定值；选择"管理板状态"，检查装置显示管理板采样得到的各种模拟量、相角的状态。

1. 检验零漂

试验步骤：将保护装置电流、电压回路断开；选择保护装置进入"保护状态"菜单的"保护板状态"，检查装置显示保护板采样得到的各种模拟量、差动计算定值；选择子菜单"管理板状态"，检查装置显示管理板采样得到的各种模拟量、相角的状态。检查装置差动保护、后备保护的零漂记录表，如表 5-4 和表 5-5 所示。

2. 模拟量测量精度检查

（1）试验接线。

1）在电压端子排 U1D1-4、U2D1-4、U3D1-4 处打开端子：

U1D1、U1D2、U1D3（分别是 UHa、UHb、UHc）；

U1D4（UH0）；

U2D1、U2D2、U2D3（分别是 UMa、UMb、UMc）；

U2D4（UM0）；

U3D1、U3D2、U3D3（分别是 ULa、ULb、ULc）；

U3D4（UL0）。

2）在电流端子排 1l1D1-3、1l2D1-3、1l3D1-3、1l4D1-3 处打开端子，同时用电流短路片短接：

1l1D5-7、1l2D5-7、1l3D5-7、1l4D5-7；

1l1D1、1l1D2、1l1D3（分别是 IHa1、IHb1、IHc1）；

1l1D9、1l1D10、1l1D11（分别是 IHa2、IHb2、IHc2）；

1l2D1、1l2D2、1l2D3（分别是 IMa、IMb、IMc）；

1l3D1、1l3D2、1l3D3（分别是 ILa1、ILb2、ILc3）；

1l3D9、1l3D10、1l3D11（分别是 ILaR、ILbR、ILcR）；

1l4D1、1l4D2、1l4D3（分别是 IAG、IBG、ICG）。

3）加稳定交流电流、电压检查装置差动保护、后备保护采样情况。将测试仪与保护装置连接，利用测试仪做电源，接线。

测试仪电流——PCS-978 装置交流电流。

测试仪电压——PCS-978 装置交流电压。

（2）试验步骤。

进入博电 ZD461 试验仪操作界面，如图 5-1 所示。

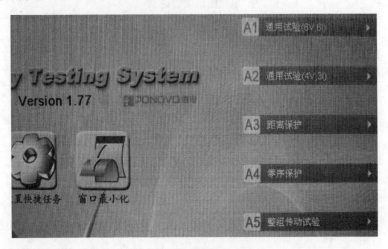

图 5-1　试验仪操作界面

选"通用试验"后设置如图 5-2 所示（以 1 倍 I_N 为例）；点击工具栏中"开始试验"键输出交流量；进入 PCS-978 装置选择"保护状态"菜单的"保护板状态"，检查装置显示保护板采样得到的各种模拟量、差动计算定值；选择子菜单"管理板状态"，检查装置显示管理板采样得到的各种模拟量、相角的状态。记录显示下的电流、电压幅值。

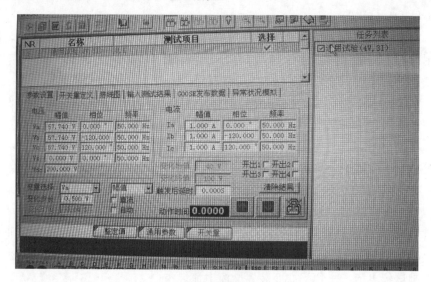

图 5-2　设置界面

试验记录如表 5-4 和表 5-5 所示。

表 5-4　　　　　　　　　　　电流回路试验记录

项目	相序	0A	0.1A	0.5A	1A	2A
高压侧 1 支路	A 相					
	B 相					
	C 相					
高压侧 2 支路	A 相					
	B 相					
	C 相					
中压侧	A 相					
	B 相					
	C 相					
低压侧	A 相					
	B 相					
	C 相					

续表

项目	相序	0A	0.1A	0.5A	1A	2A
公共绕组	A 相					
	B 相					
	C 相					
低压绕组	A 相					
	B 相					
	C 相					

表 5-5　　　　　　　　　　电压回路试验记录

项目	相序	0V	1V	10V	30V	60V
高压侧	A 相					
	B 相					
	C 相					
中压侧	A 相					
	B 相					
	C 相					
低压侧	A 相					
	B 相					
	C 相					

指标要求：检验 0.1、1、5 倍的额定电流和 0.1、0.5、1 倍的额定电压下的测量精度，通道采样值误差小于或等于 5%，电压 $0.1U_N$ 和电流 $0.1I_N$ 时，相角误差小于或等于 3°。

依据指标要求及试验记录，作出结论：＿＿＿＿＿＿＿＿＿＿＿＿＿＿＿。

（六）开关量输入回路检验

以接通、断开保护连片、按钮，短接、断开触点开入的方法校核。

1.24V 开入：公共端——1RD1（4B17）

24V 开关量输入检验记录格式见表 5-6。

表 5-6　　　　　　　　　　**24V 开关量输入检验记录**

压板号（按钮）及定义	回路号	结果
1RLP1——投检修状态	4B12	
1RLP2——投主保护	2B7	
1RLP3——投高压侧后备保护	2B17	
1RLP4——投高压侧电压	2B16	
1RLP5——投中压侧后备保护	2B9	

压板号（按钮）及定义	回路号	结果
1RLP6——投中压侧电压	2B18	
1RLP7——投低压侧后备保护	2B8	
1RLP8——投低压侧电压	2B15	
1RLP9——投公共绕组后备保护	2B11	
复归按钮	2B20	
打印按钮	4B13	
对时	4B14	

2.220V 强电开入：公共端——1QD1（4B25）

220V 开关量输入检验记录格式见表 5-7。

表 5-7　　　　　　　　　　　**220V 开关量输入检验记录**

压板号（按钮）及定义	回路号	结果
1QLP1——投边开关检修状态	1QD16	
1QP2——投中开关检修状态	1QD18(4B21)	
中压侧开关跳位	1QD20(4B22)	
高压侧失灵联跳	1QD8(4B19)	
中压侧失灵联跳	1QD12(4B20)	

（七）开关量输出检查

在进行输出触点检查时，只检测已投入使用的输出触点及输出信号的通断状态，并要与测控及后台核对保护信号。

1. 报警、信号触点检查

当装置自检发现硬件错误或失电时，闭锁装置出口，并灭掉"运行"和发出装置闭锁信号 BSJ，检验方法：关闭装置电源。

当装置检测到装置长期启动、不对应启动、装置内部通信出错、TA 断线或异常、TV 断线或异常等情况时点亮"报警"灯，并启动信号继电器 BJJ。报警、信号触点均为瞬动触点。

报警、信号触点检查结果如表 5-8 所示。

表 5-8　　　　　　　　　　　**报警、信号触点检查结果**

序号	信号名称	中央信号触点	遥信触点	事件记录触点	结果
1	装置闭锁	3A2-3A4	3A1-3A3	3B4-3B26	
2	装置报警信号	3A2-3A6	3A1-3A5	3B4-3B28	
3	过负荷保护信号	3A2-3A12	3A1-3A11	3B4-3B10	

2. 跳闸信号触点检查

所有动作于跳闸的保护动作后，点亮 CPU 板上"跳闸"灯，并启动相应的跳闸信号继电器。"跳闸"灯、中央信号触点为磁保持。

跳闸信号触点检查结果如表 5-9 所示。

表 5-9　　　　　　　　　　　　跳闸信号触点检查结果

序号	信号名称	中央信号触点	遥信触点	事件记录触点	结果
1	保护动作	2A1-2A3	2A2-2A6	2A4-2A8	

3. 跳闸输出触点检查

跳闸输出触点检查结果如表 5-10 所示。

表 5-10　　　　　　　　　　　　跳闸输出触点检查结果

序号	跳闸输出量名称	装置端子号	结果
1	跳高压侧一支路开关	1A2-1A4、1A10-1A12	
2	跳高压侧二支路开关	1A26-1A28、1B6-1B8	
3	跳中压侧开关	1A3-1A5、1A11-1A13、1A19-1A21	
4	跳低压侧开关	1B17-1B19	
5	跳中压侧母联	1B5-1B7	
6	跳中压侧分段	1B29-1B30、1B25-1B27	

（八）整组功能试验

定值整定及检验的试验步骤如下。

（1）整定保护定值（参见 PCS-978GC 变压器技术说明书）。整定定值操作如下。

此菜单分为 4 个子菜单：装置参数定值、系统参数定值、保护定值、拷贝定值。保护定值菜单又包括主保护定值和各侧后备保护定值菜单。进入该菜单可整定相应的定值。拷贝定值功能是将当前定值区下的保护定值拷贝至另外一个定值区下，以方便用户整定不同区下的保护定值。用户在进行拷贝定值操作后，装置保护定值自动切换至新的区号下。

按键"↑""↓"滚动选择要修改的定值，按键"←""→"将光标移到要修改的那一位，按键"＋"和"－"修改数据，按键"取消"不修改返回，按键"确认"后液晶显示屏提示输入确认密码，按次序键入"＋←↑－"，完成定值整定后返回。

（2）整定值的失电保护功能检验。整定值的失电保护功能可通过断、合电源开关的方法检验，保护装置的整定值和参数在直流电源失电后不会丢失或改变。

在保护定值菜单修改装置的保护定值时，按键"↑""↓"滚动选择要修改的定值，按键"←""→"将光标移到要修改的那一位，按键"＋"和"－"修改数据，按键"取消"不修改返回，按键"确认"后，液晶显示自动回到上一级的保护定值菜单，再按键"取消"后液晶显示屏提示输入确认密码，按次序键入"＋←↑－"，完成保护定值整定后返回。

若整定出错，液晶会显示出错位置，且显示 3s 后自动跳转到第一个出错的位置，以便现场人员纠正错误。因此定值整定时一定要按照说明书中的定值规范和整定值的范围要求。另外，定值区号或系统参数定值整定后，保护定值必须重新整定确认，否则装置认为该区定值无效。

定值换区操作：面板上设置键"区号"以方便现场值班运行人员进行保护定值换区操作。具体操作步骤：按键"区号"，面板液晶显示当前定值区号和修改定值区号，通过按键"＋"和"－"修改定值区号数据，按键"取消"不修改返回，按键"确认"后液晶显示屏提示输入确认密码，按次序键入"＋←↑－"，再按键"确认"后完成保护定值换区操作后返回。

在用户整定保护装置系统参数定值时，一定要将各定值区号下的保护定值确认一次，否则在保护装置定值换区操作时，保护装置会报"该区定值无效"信号，同时闭锁保护装置。正确的保护装置定值换区的操作步骤：事先将保护装置的系统参数定值单整定好，此项定值单整定完成以后一般不要修改，若修改可参见上述注意事项说明；然后将各定值区下的保护定值都整定成正确的保护定值，这样在进行保护定值换区时，按照上述的保护定值换区操作步骤即可。

另外一种各定值区号下保护定值确认的方法：通过定值拷贝功能实现各定值区号下的保护定值确认，但在修改定值过程中勿再整定系统参数定值。

在装置运行过程中若出现装置闭锁现象或装置报警现象，请及时查明情况（可打印当时装置的自检报告、开入变位报告，并结合保护装置的面板显示信息），进行事故分析，并可及时通告厂家处理，不要轻易按保护大屏上的复归按钮。

（3）定值单核对。打印定值，并与定值单逐项核对，试验记录如表 5-11 所示。

表 5-11　　　　　　　　　　检验项目与结果

检　验　项　目	结果
定值整定：设置系统参数，整定保护定值，并将打印定值与定值单逐项核对	
整定值失电保护功能检验：通过拉、合逆变电源开关的方法检验 整定值在直流电源失电后不会丢失或改变	

注 已检验的项目在结果列标注"√"。

（九）差动保护检验

压板：投入变压器主保护硬压板 1RLP2。

高压侧一、二支路 I_{eH}：＿＿＿＿＿ A，中压侧 I_{eM}：＿＿＿＿＿ A，低压侧 I_{eL}：＿＿＿＿＿ A。

说明：由于软件计算、相位补偿，在用单相法进行差动试验时，高、中压侧电流回路接线宜采用 A 进 B 出（或 B 进 C 出、C 进 A 出）的接线方法，低压侧宜采用 A 进 N 出（或 B 进 N 出、C 进 N 出）的接线方法。这样在高、中压侧所加电流即为装置采样到的差动电流，低压侧所加电流应为计算电流的 1.732 倍。

系统参数：各侧 TA 变比：＿＿＿＿＿，＿＿＿＿＿，＿＿＿＿＿；差动启动电流定值：＿＿＿＿＿，比率制动系数：$K_1＝0.2$（固定）、$K_2＝0.5$（固定）、$K_3＝0.75$（固定）；二次谐波制动系数：＿＿＿＿＿，三次谐波制动系数：＿＿＿＿＿，差动速断电流：＿＿＿＿＿，TA 断线闭锁差动控制字：＿＿＿＿＿；涌流闭锁方式控制字：＿＿＿＿＿。

1. 差动启动值及差动速断保护定值试验

以差动启动值测试为例。

（1）定值设置。"纵差保护投退"控制字为"1"，"差动速断保护投退"控制字为"0"。"TA 断线闭锁差动"控制字为"0"。

（2）试验。如图 5-1 所示，选择测试模块："通用试验"，将电流幅值设置为动作值下的数值，改变变化步长，电流慢慢递增，直至差动保护动作。

PCS-978 变压器差动保护，对于 Y0 侧接地系统，装置采用 Y0 侧零序电流补偿、d 侧电流相位校正的方法实现差动保护电流平衡，在测试侧加入单相电流，分别加 1.25、1.05 倍各侧额定电流，观察保护动作情况。

注：高、中压侧电流回路接线宜采用 A 进 B 出（或 B 进 C 出、C 进 A 出）的接线方法，否则会产生零序电流；同时 PCS-978 差动值为各侧的标幺值。

差动速断保护测试方法相似，注意将"差动速断保护投退"控制字为"1"，此时动作电流为差动速断动作电流。

（3）试验记录及试验结果。保护装置查看动作事件、动作出口、信号出口、录波记录。启动值测试记录见表5-12。

表5-12 　　　　　　　　　　启动值测试记录

定值：_____ I_e 　　　　　　　　　　　　　　　　　　　　单位：A

差动启动电流支路	相序	A相	B相	C相
高压侧1支路	计算值			
	实测值			
高压侧2支路	计算值			
	实测值			
中压侧	计算值			
	实测值			
低压侧	计算值	×1.732	×1.732	×1.732
	实测值			

动作时间：_____ ms。

差动速断：仅加入任一侧单相电流，定值 $6I_e$。由于低压侧电流太大，建议改小定值。速断值测试记录见表5-13。

表5-13 　　　　　　　　　　速断值测试记录

差流支路	计算值	A相	B相	C相
高压侧				
中压侧				
低压侧				

时间：$t=$_____ ms。

2. 稳态比率制动特性试验

（1）定值设置："纵差保护投退"控制字为"1"，"分相、分侧差动保护"控制字为"0"，"TA断线闭锁差动"控制字为"0"。"差动速断保护投退"控制字为"0"。

稳态比率差动：在任意两侧加入反相位电流，验证稳态比率差动特性。

比率制动系数：$K_1=0.2$（第一段），$K_2=0.5$（第二段，可整定），$K_3=0.75$（第三段）。

（2）选择测试模块："通用试验"模块。

高压侧对中压侧：

Ⅰ侧 $I_e=$_____ A，Ⅱ侧 $I_e=$_____ A，Ⅲ侧 $I_e=$_____ A。

高压侧和中压侧电流的标幺值和有名值如表5-14所示。

表 5-14　　　　　　　　　　　高压侧和中压侧电流的标幺值和有名值

序号	高压测电流 $\dot{I}_1$ (可调)			中压侧电流 $\dot{I}_2$ (可调)			制动电流标幺值 (I_1+I_2) /2	差电流标幺值(可调) (I_1-I_2)	
	标幺值	有名值		标幺值	有名值				
		计算值	实测值		计算值	实测值		计算值	实测值
1									
2									
3									
4									
5									
6									

注　1. 每段折线取两个点。加模拟量时设定 $\dot{I}_1$ 的模拟量为计算值不变，$\dot{I}_2$ 的模拟量为在计算值的基础上稍微增加一点，且 $\dot{I}_1$、$\dot{I}_2$ 相位差 180°。设定 $\dot{I}_2$ 的变化步长之后，慢慢降低中压侧电流 $\dot{I}_2$，直至差动保护动作。

　　2. 试验时，退出其他原理的差动保护，仅投稳态比率差动保护。

　　3. 高、中压侧电流回路接线宜采用 A 进 B 出（或 B 进 C 出、C 进 A 出）的接线方法，否则会产生零序电流。

$$
\begin{cases}
I_d > 0.2I_r + I_{cdqd} & I_r \leqslant 0.5I_e \\
I_d > K_{bl}(I_r - 0.5I_e) + 0.1I_e + I_{cdqd} & 0.5I_e < I_r \leqslant 6I_e \\
I_d > 0.75(I_r - 6I_e) + K_{bl} \cdot 5.5I_e + 0.1I_e + I_{cdqd} & I_r > 6I_e \\
I_r = \dfrac{1}{2}\sum_{i=1}^{m} |I_i| \\
I_d = \left| \sum_{i=1}^{m} I_i \right|
\end{cases}
$$

$$(5\text{-}1)$$

其中，$I_{cdqd}=0.4I_e$，$K_{bl}=0.5$，$\dot{I}_r = \dot{I}_1 + \dot{I}_2/2$，$\dot{I}_d = \dot{I}_1 - \dot{I}_2$，$I_e=1$。

　　将 $\dot{I}_r = \dot{I}_1 + \dot{I}_2/2$、$\dot{I}_d = \dot{I}_1 - \dot{I}_2$ 代入式（5-1），可得到以下计算公式

$$
\begin{aligned}
&I_1 > 1.222I_2 + 0.444 & &I_1 + I_2 < 1 & &I_1 > I_2 \\
&I_1 > 1.667I_2 + 0.333 & &1 < I_1 + I_2 < 12 & &I_1 > I_2 \\
&I_1 > 2.2I_2 - 2 & &I_1 + I_2 > 12 & &I_1 > I_2
\end{aligned}
$$

$$(5\text{-}2)$$

I_1、I_2 均为标幺值。

高压侧对低压侧：

Ⅰ 侧 $I_e=$ _____ A，Ⅱ 侧 $I_e=$ _____ A，Ⅲ 侧 $I_e=$ _____ A。

高压侧和低压侧电流的标幺值和有名值如表 5-15 所示。

表 5-15 高压侧和低压侧电流的标幺值和有名值

序号	高压测电流 $\dot{I}_1$（可调）			低压侧电流 $\dot{I}_2$（可调）			制动电流标幺值（固定）(I_1+I_2) /2	差电流标幺值（可调）(I_1-I_2)	
	标幺值	有名值		标幺值	有名值			计算值	实测值
		计算值	实测值		计算值	实测值			
1									
2									
3									
4									
5									
6									

注　1. 单相试验时，$\dot{I}_1$ 的标幺值等于 $\dot{I}_2$ 的标幺值的 1.732 倍。

　　2. 每段折线取两个点。加模拟量时设定 $\dot{I}_1$ 的模拟量为计算值不变，$\dot{I}_2$ 的模拟量为在计算值的基础上稍微增加一点，且 $\dot{I}_1$、$\dot{I}_2$ 相位差 180°。设定 $\dot{I}_2$ 的变化步长之后，慢慢降低低压侧电流 $\dot{I}_2$，直至差动保护动作。

　　3. 试验时，退出其他原理的差动保护，仅投稳态比率差动保护。

　　4. 高压侧电流回路接线宜采用 A 进 B 出（或 B 进 C 出、C 进 A 出）的接线方法，否则会产生零序电流；低压侧电流从 A（或 B 或 C）相极性端进入，由 A（或 B 或 C）相非极性端流回试验仪器，低压保护装置感受差流为所加值的 0.577 倍。

　　5. 由于计算方法相同，中压侧对低压侧不列出。固定一支路，变化另一个支路。

比例制动特性如图 5-3 所示。

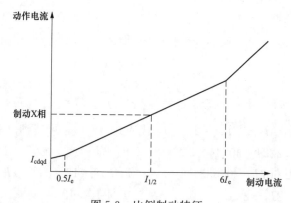

图 5-3　比例制动特征

3. 分侧比率差动保护制动特性测试

（1）分侧差动启动值定值试验。

定值 $I_{\text{fcdqd}}=$ _____ I_{e}。

1）定值设置。"分侧差动保护投退"控制字为"1"，"差动速断保护、纵差保护、分相差动投退"控制字均置为"0"。"TA 断线闭锁差动"控制字为"0"。

2）试验。如图 5-1 所示，选择测试模块："通用试验"。PCS-978 变压器分侧差动保护，均为 Y0 侧接地系统，装置采用 Y0 侧零序电流补偿，在测试侧加入单相电流，分别加 1.05、1.05 倍各侧额定电流，观察保护动作情况。

注：①高、中压、公共绕组侧电流回路接线采用 A 相极性端流入、A 相非极性端流回试验仪的接线端（B、C 相同理）的接线方法。②同时 PCS-978 装置感受的差动值为试验仪所加的模拟量乘各侧的平衡系数。③分侧差动启动值均以高压侧的额定电流的倍数为基准，试验仪需加的模拟量为高压侧额定电流的倍数除以各侧的平衡系数（也就是说，各侧的启动值一样，TA 变比一样，由软件考虑）。

3）试验记录及试验结果。保护装置查看动作事件、动作出口、信号出口、录波记录。测试记录见表 5-16。

定值：_____ I_N。

高压侧平衡系数_____，中压侧平衡系数_____，公共绕组侧平衡系数_____。

表 5-16 　　　　　　　　分侧差动启动值测试记录 　　　　　　　　单位：A

差动启动电流支路	相序	A相	B相	C相
高压侧 1 支路	计算值			
	实测值			
高压侧 2 支路	计算值			
	实测值			
中压侧	计算值			
	实测值			
公共绕组侧	计算值			
	实测值			

动作时间：_____ ms。

（2）分侧差动比率制动试验。

定值 $I_{fcdqd}=$ _____ I_N，$K_{fb1}=0.5$。

定值设置："分侧差动保护投退"控制字为"1"，"纵差、分侧差动保护"控制字为"0"，"TA 断线闭锁差动"控制字为"0"。"差动速断保护投退"控制字为"0"。

115

高压侧对中压侧：

高压侧 $I_e =$ _____ A，中压侧 $I_e =$ _____ A，公共绕组侧 $I_e =$ _____ A。

测试记录见表 5-17。

表 5-17 分侧差动比例制动特性测试记录

序号	高压测电流 i_1（可调）			中压侧电流 i_2（可调）			制动电流标幺值（固定）MAX (I_1, I_2)	差电流标幺值（可调）(I_1-I_2)	
	标幺值	有名值		标幺值	有名值			计算值	实测值
		计算值	实测值		计算值	实测值			
1									
2									
3									
4									
5									
6									

注 1. 每段折线取两个点。试验仪所加的模拟量 i_1、i_2 分别为本侧平衡系数的倍数，相位差 180°，此时差流为 0A，改变其中任一支路电流的大小，直至分侧差动保护动作。

2. 试验时，退出其他原理的差动保护，仅投分侧比率差动保护。

3. 高、中压、公共绕组侧电流回路接线采用 A 相极性端流入、A 相非极性端流回试验仪的接线端（B、C 相同理）的接线方法。

4. 由于计算方法、试验方法相同，高压侧对公共绕组侧不列出。固定一支路值，变化另一支路数值，直至分侧差动保护动作。

5. 零序差动的原理、计算方法、试验方法与分侧比率制动相同，此处不再列出。

分侧差动保护的动作方程为

$$\begin{cases} I_{fd} > I_{fcdqd} \qquad\qquad I_r \leqslant I_N \\ I_d > K_{fbl}(I_r - I_N) + I_{fcdqd} \\ I_r = \max\{|I_1|, |I_2|, |I_{cw}|\} \\ I_d = |\dot{I}_1 + \dot{I}_2 + \dot{I}_{cw}| \end{cases} \qquad (5\text{-}3)$$

式中 I_1、I_2、I_{cw} ——Ⅰ侧、Ⅱ侧和公共绕组侧电流；

I_{fcdqd} ——分侧差动启动定值；

I_d ——分侧差动电流；

I_r ——分侧差动制动电流；

K_{fbl} ——分侧差动比率制动系数整定值；

I_N ——TA 二次额定电流。

推荐 K_{fbl} 整定为 0.5。装置中依次按相判别，当满足以上条件时，分侧差动动作。分侧差动各侧 TA 二次电流由软件调整平衡。

分侧差动比例制动的动作特性如图 5-4 所示。

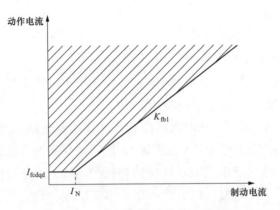

图 5-4　分侧差动比例制动的动作特性

（3）二次谐波制动的测试。

1）保护定值。只投入比率差动保护，退出 TA 断线闭锁。

注：分侧及零序差动不受二次谐波制动影响。

2）试验接线。在测试侧只加入单相电流。

3）试验步骤。说明：从电流回路加入基波电流分量（此电流不可过小，因为值过小时基波电流本身误差会偏大），使差动保护可靠动作。再叠加二次谐波电流分量，从大于定值减小到使差动保护动作。最好单侧单相叠加，因为多相叠加时不同相中的二次谐波会相互影响，不易确定差流中的二次谐波含量。加入二次谐波分量，当显示值大于基波的 15％时，差动保护应不动作，小于该值时差动保护应动作。

定值：＿＿＿＿＿＿％；试验值：＿＿＿＿＿＿％。

试验仪以 I_a 输出到保护各侧（建议接单相），分别校验各侧各相的制动情况：①在试验仪主菜单中选"通用试验"菜单；②在谐波菜单的参数设置中将变量整定为 I_b，I_b 为频率 100Hz 的二次谐波，再设定 I_b 步长；③菜单中的选择相中选 I_a，基波幅值加 1.2 倍动作电流，相位为 0°，在 I_a 谐波含量中先设定一较大值（大于整定值），开始加量时差动保护为制动状态；④点击工具栏中"开始试验"键输出交流量，逐步将 I_b 谐波含量下降，直至差动动作；⑤观察测试仪记录，在保护装置中查看动作事件、动作出口、信号出口、录波记录，记录数据，如表 5-18 所示。

表 5-18   二次谐波制动系数试验记录

试 验 项 目	整 定 定 值	动作情况	
		0.95 倍整定值	1.05 倍整定值
二次谐波制动系数试验			

（4）三次谐波制动的测试。

1）保护定值。只投入比率差动保护，退出 TA 断线闭锁。

2）试验接线。在测试侧只加入单相电流。

3）试验步骤。说明：从电流回路加入基波电流分量（此电流不应过大，应小于 $0.8I_N$，否则会进入 TA 饱和区），使差动保护可靠动作。再叠加三次谐波电流分量，从大于定值减小到使差动保护动作。最好单侧单相叠加，因为多相叠加时不同相中的三次谐波会相互影响，不易确定差流中的三次谐波含量。加入三次谐波分量，当显示值大于基波的 20% 时，差动保护应不动作，小于该值时差动保护应动作；观察保护动作情况。

注：高、中压侧电流回路接线宜采用 A 进 B 出（或 B 进 C 出、C 进 A 出）的接线方法。

试验记录如表 5-19 所示。

表 5-19   三次谐波制动系数试验记录

试 验 项 目	整 定 定 值	动作情况	
		0.95 倍整定值	1.05 倍整定值
三次谐波制动系数试验			

（5）TA 断线闭锁试验。

"变压器比率差动投入"置 1。

"TA 断线闭锁比率差动"置 1。

任意一侧加上小于差动动作电流，8s 后装置发"变压器差动 TA 断线"信号并闭锁变压器比率差动，但不闭锁差动速断和高值比率差动。

"TA 断线闭锁比率差动"置 0。

任意一侧加上小于差动动作电流，8s 后装置发"变压器差动 TA 断线"信号后，模拟量变化步长提高到大于差动动作电流，此时比率差动应可靠动作。

TA 断线定值：_____ I_e；高、中压侧试验值：_____ I_e；低压侧试验值：_____ I_e。

（十）变压器高压侧后备保护试验

1. 变压器相间后备保护试验（复压闭锁的方向过电流保护测试）

对过电流的动作值和动作时间进行测试。在测试过程中，需要将非测试段退出，将不要测试的功能（如复压闭锁）退出。

压板：只投"高压侧后备保护及高压侧电压"硬压板，其他压板退出。

（1）定值设置。

过电流定值＿＿＿＿＿＿＿＿ A；试验值＿＿＿＿＿＿＿＿ A；

过电流时限定值＿＿＿＿＿＿＿ s；试验值＿＿＿＿＿＿＿ s；

负序电压定值＿＿＿＿＿＿＿＿ V；试验值＿＿＿＿＿＿＿ V；

低电压定值＿＿＿＿＿＿＿ V，试验值＿＿＿＿＿＿＿ V。

（2）试验接线（见表5-20）。

测试仪电流——PCS-978装置交流电流。

测试仪电压——PCS-978装置交流电压。

开入触点——并接保护出口触点两端。

表 5-20　　　　　　　　复压过电流保护测试试验接线

项目	测试仪	保护装置	备注
电流	I_A	1lD1	—
	I_B	1lD2	—
	I_C	1lD3	—
	I_N	1lD5	1lD5、1lD6、1lD7 要短接
电压	U_A	U1D1	—
	U_B	U1D2	—
	U_C	U1D3	—
	U_N	U1D4	—
开入	A	1KD1	—
	AN	1CD1	—

注　试验前应断开检修设备与运行设备相关联的电流、电压回路。

（3）试验步骤。

1）测试仪设置。选择测试模块："状态序列"→"参数设置"→"改变电压"。

2）点击"添加试验项"设置参数，如图5-5所示。

负序电压测试：

方法一："动作电压"设置相序为负序，电流要大于定值。步长变化时间

119

要等于或大于时间定值。升高电压至保护动作时记录的动作值为相电压（将低电压定值调至 1V，做完负序电压测试调回至 65V）。

方法二：不改定值，加正常电压后将其中一相电压慢慢往上升。

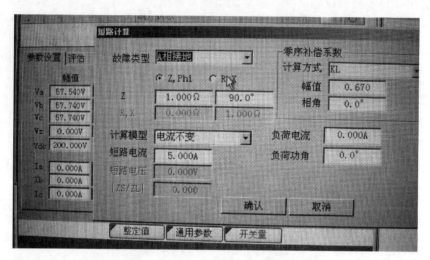

图 5-5　复压过电流保护测试参数设置

低电压测试：选择"动作电压"，相序为正序，电流值要大于整定值。步长变化时间要大于或等于时间定值。降低电压至保护动作时记录的动作值为线电压，所以动作值定义应选择为线电压。

3）设置好后，点击"开始试验"即可。

4）查看测试仪、保护动作情况（动作事件、动作出口、信号出口、录波记录）。

（4）试验记录。变压器高压侧相间后备保护试验记录如表 5-21 所示。

表 5-21　　　　　　　变压器高压侧相间后备保护试验记录

项目	高压侧复压闭锁方向过电流			高压侧复压闭锁过电流（未投）		
整定值						
相别	A	B	C	A	B	C
电流动作值						
低电压						
负序电压						
动作时限						

2. 变压器接地后备保护试验

装置采用零序方向过电流保护作为变压器中性点接地运行后备保护。装置零序过电流元件所用零序电流为自产零序电流，装置零序方向元件所采用的零序电流、零序电压均为自产零序电流和零序电压。

以高压侧零序过电流Ⅰ段1时限为例进行试验，其他各侧各段各时限测试方法类似。

零序过电流Ⅰ段固定经方向闭锁且方向指向本侧母线，方向灵敏角为 $75°$。

零序方向元件动作特性如图 5-6 所示。

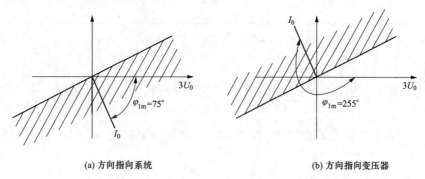

(a) 方向指向系统　　　　　　　　(b) 方向指向变压器

图 5-6　零序方向元件动作特性

零序过电流保护动作特性测试如下。

(1) 定值设置。

定值设置：零序过电流Ⅰ段固定经方向闭锁且方向指向本侧母线。

压板：仅投"高压侧后备保护及高压侧电压硬压板"，其他压板退出。

1) 将零序过电流Ⅰ段定值调到 1.5A。

2) 退出零序过电流Ⅱ段。

(2) 试验接线。

测试仪电流——PCS-978 装置交流电流。

测试仪电压——PCS-978 装置交流电压。

开入触点——并接保护出口触点两端。

测试仪与保护装置如表 5-22 所示。

表 5-22　　　　　　　　　　　测试仪与保护装置

项目	测试仪	保护装置	备注
电流	I_A	1ID1	—
	I_B	1ID2	—

续表

项目	测试仪	保护装置	备注
电流	I_C	1lD3	—
	I_N	1lD5	1lD5、1lD6、1lD7 要短接
电压	U_A	U1D1	—
	U_B	U1D2	—
	U_C	U1D3	—
	U_N	U1D4	—
开入	A	1KD1	
	AN	1CD1	

注 试验前应断开检修设备与运行设备相关联的电流、电压回路。

（3）试验步骤。

1）测试仪设置。选择测试模块："状态序列"→"参数设置"→"短路计算"。

2）点击"添加试验项"设置参数。依次进行测试项目、动作值及动作时间的设置，如图 5-7 所示。

测试项目：零序过电流。

动作值设置："步长变化时间"要大于保护出口动作时间；"变化始值"要小于动作值；而"变化终值"要大于动作电流。

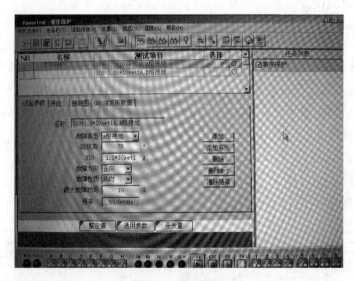

图 5-7　设置界面

动作时间："故障电流"按 1.2 倍动作电流设置；"故障前时间"设为15s，大于保护上电复位时间；"最大故障时间"设置要大于保护出口动作时间。

3）设置好后，点击"开始试验"即可。

4）查看测试仪、保护动作情况（动作事件、动作出口、信号出口、录波记录）。重复上述步骤，依次测试零序Ⅰ、Ⅱ段动作值、动作时间是否与整定值一致。

（4）试验记录。试验记录填入表 5-23。

表 5-23　　　　　　　　　　　　　　　试验记录

检验项目		动作情况
零压闭锁零序方向过电流 Ⅰ段定值试验	1.05 倍整定值动作行为	
	0.95 倍整定值动作行为	
	1.2 倍整定值动作时间	
零压闭锁零序方向过电流 Ⅱ段定值试验	1.05 倍整定值动作行为	
	0.95 倍整定值动作行为	
	1.2 倍整定值动作时间	

3. 零序方向元件测试

对方向动作特性进行测试。在测试过程中，需要将非测试段退出，将不要测试的功能（如零压闭锁）退出，且零序电流值要大于整定值（以零序Ⅰ段带方向，指向母线为例）。

（1）试验接线。

（2）试验步骤。

1）测试仪设置。选择测试模块："状态序列"→"参数设置"→"短路计算"→"改变方向角"。

2）点击"添加试验项"设置参数。

3）动作边界：零序电流要大于定值，"故障前时间"设为 15s。

4）设置好后，点击"开始试验"即可。

5）查看测试仪、保护动作情况（动作事件、动作出口、信号出口、录波记录）。

6）"故障前时间"设为 15s，故障态电压 U_B、U_C 设为 0V，此时的功率方向角就是 $3\dot{U}_0$ 超前 $3\dot{I}_0$ 的角度。

（3）试验记录。试验记录填入表 5-24。

表 5-24 动作情况

检验项目		动作情况
零压闭锁零序方向过电流 Ⅰ段定值试验	方向元件测试	
零压闭锁零序方向过电流 Ⅱ段定值试验	方向元件测试	

（4）高压侧后备接地零序试验总记录。

注：零序过电流Ⅱ段不带方向。

高压侧后备接地零序试验总记录如表 5-25 所示。

表 5-25 高压侧后备接地零序试验总记录

	高压侧零序方向过电流Ⅰ段			高压侧零序方向过电流Ⅱ段		
整定值						
相　别	A	B	C	A	B	C
电流动作值						
功率方向动作区						
零序电压						
动作时限						

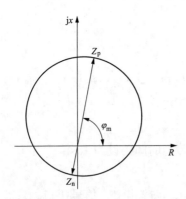

图 5-8 阻抗元件动作特性

4. 高压侧相间后备阻抗保护特性

装置Ⅰ、Ⅱ侧后备保护各有一个阻抗Ⅰ段和Ⅱ段，方向指向变压器，阻抗元件的动作特性如图 5-8 所示。阻抗元件灵敏角 80°。

图中 Z_n 为阻抗反向整定值，Z_p 为阻抗正向整定值。

阻抗元件的比相方程为

$$90° < \text{Arg}\, \frac{(\dot{U} - \dot{I} Z_p)}{(\dot{U} + \dot{I} Z_n)} < 270° \quad (5-4)$$

试验方法：加高压侧任一支路单相电流 $I = 1A$，加单相电压 $U = mIZ_{zd}$。模拟 AB、BC、CA 相间故障，$0.95U$ 可靠动作，$1.05U$ 可靠不动作。灵敏角 80°。测试记录见表 5-26。

阻抗Ⅰ段正向定值 $Z_p =$＿＿＿＿＿ Ω，反向定值 $Z_n =$ ＿＿＿＿＿ Ω，阻抗指向变压器。

表 5-26　　　　　　　　高压侧相间后备阻抗特性测试记录

测试点	电流	电压	动作行为	
正向 0.95 倍整定值			可靠动作	
正向 1.05 倍整定值			可靠不动作	
反向 0.95 倍整定值			可靠动作	
反向 1.05 倍整定值			可靠不动作	
灵敏角				
相间阻抗 I 段动作时间				

注　TV 断线可靠闭锁阻抗保护。

5. 高压侧过励磁保护

过励磁保护主要防止过电压和低频率对变压器造成的损坏。

变压器在不同的过励磁情况下允许运行相应的时间，因此装置还设有反时限过励磁元件。反时限动作特性曲线由输入的 10 组定值确定，因此能够适应不同的变压器过励磁要求。反时限过励磁定值示意图如图 5-9 所示。

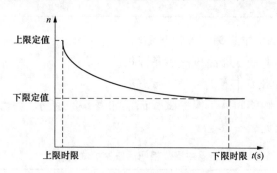

图 5-9　反时限过励磁定值示意图

考虑到过励磁对变压器造成的危害主要表现为变压器局部过热，因此利用"有效值的概念"来计算过励磁倍数 n，即

$$n = \sqrt{\frac{1}{T}\int_0^T n^2(t)\,\mathrm{d}t} \tag{5-5}$$

式中　T——过励磁开始到计算时刻的时间；

　　$n(t)$——过励磁测量倍数，随时间变化的函数。

这样过励磁测量倍数中既含有当前时刻的过励磁信息，同时也含有过励磁开始后各时间段的累积过励磁信息。

试验方法：①选用"通用试验"菜单模块；②采用三相法，即在高、中压侧任一支路三相加试验电压，增加电压幅值或减小频率，当 U/U_e 和 f/f_e

的比值达到定值，保护即可动作。其中，U_e为 57.7V，f_e为 50Hz。反时限过励磁取 1 个点作测试。

定值和动作值填入表 5-27。

表 5-27　　　　　　　　　　　　　定值和动作值

序号	保护项目	定值	动作值
1	定时限过励磁报警		

6. 其他功能检验

其他功能检验试验记录如表 5-28 所示。

表 5-28　　　　　　　　　　　　其他功能检验试验记录

检验项目	定值	时间定值	实测值	实测时间
过负荷				
高压侧失灵联跳 (需短接开入 1QD1-1QD8)				
TV 异常报警	(结果)			

（十一）变压器中压侧后备保护试验

测试方法参考变压器高压侧后备保护。

1. 变压器中压侧相间后备保护试验

变压器中压侧相间后备保护试验记录如表 5-29 所示。设置界面如图 5-10 所示。测试记录见表 5-30。

表 5-29　　　　　　　　　变压器中压侧相间后备保护试验记录

项目	中压侧复压闭锁方向过电流			中压侧复压闭锁过电流 （未投）		
整定值						
相　别	A	B	C	A	B	C
电流动作值						
低电压						
负序电压						
动作时限						

阻抗 I 段正向定值 $Z_p =$＿＿＿＿＿Ω，反向定值 $Z_n =$＿＿＿＿＿Ω，阻抗指向变压器。

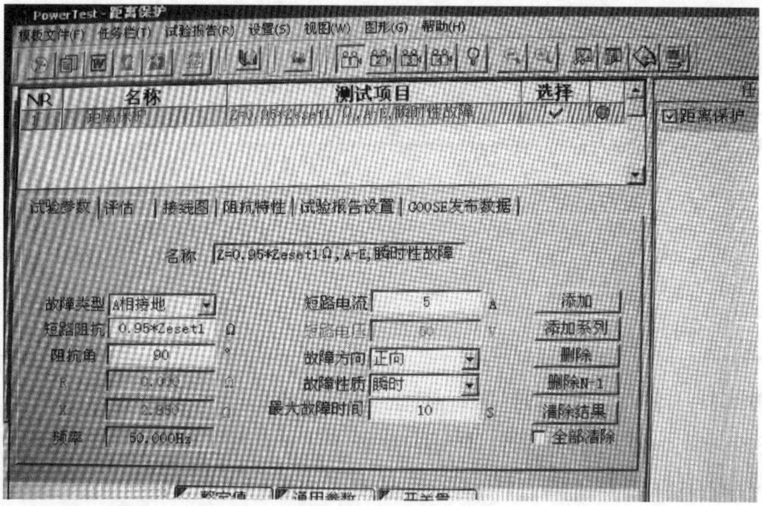

图 5-10　设置界面

表 5-30 中压侧相间后备阻抗特性测试记录

测试点	电流	电压	动作行为	
正向 0.95 倍整定值			可靠动作	
正向 1.05 倍整定值			可靠不动作	
反向 0.95 倍整定值			可靠动作	
反向 1.05 倍整定值			可靠不动作	
方向动作区				
灵敏角				
相间阻抗 Ⅰ 段动作时间				

注　TV 断线可靠闭锁阻抗保护。

2. 变压器中压侧接地后备保护试验

变压器中压侧接地后备保护试验记录如表 5-31 所示。

表 5-31 变压器中压侧接地后备保护试验记录

项目	中压侧零序方向过电流 Ⅰ 段			中压侧零序方向过电流 Ⅱ 段		
整定值						
相别	A	B	C	A	B	C
电流动作值						
功率方向动作区						
零序电压						
动作时限 1						
动作时限 2						

3. 其他功能检验

其他功能检验试验记录如表 5-32 所示。

表 5-32   其他功能检验试验记录

检验项目	定值	时间定值	实测值	实测时间
过负荷				
中压侧失灵联跳 （需短接开入 1QD1-1QD12）				
TV 异常报警	（结果）			

（十二）变压器低压侧套管绕组后备保护试验（低压侧套管绕组后备保护与低压侧开关后备保护两者任选其一试验）

测试方法参考变压器高压侧后备保护。

1. 变压器相间后备保护试验

均不带方向，负序电压定值固定为 4V。

注：低压侧后备保护的二次额定电流用半容量进行计算。

变压器低压侧套管绕组相间后备保护试验记录如表 5-33 所示。

表 5-33   变压器低压侧套管绕组相间后备保护试验记录

项目	低压侧复压闭锁方向过电流			低压侧过电流保护		
整定值						
相别	A	B	C	A	B	C
电流动作值						
负序电压						
低电压						
动作时限 1						
动作时限 2						

2. 其他功能检验

其他功能检验试验记录如表 5-34 所示。

表 5-34   其他功能检验试验记录

检验项目	定值	时间定值	实测值	实测时间
过负荷				
TV 异常报警	（结果）			

（十三）变压器低压侧后备保护试验

测试方法参考变压器高压侧后备保护。

1. 变压器相间后备保护试验

均不带方向，负序电压定值固定为4V。

注：低压侧后备保护的二次额定电流用半容量进行计算。

变压器低压侧相间后备保护试验记录如表5-35所示。

表5-35   变压器低压侧相间后备保护试验记录

项目	低压侧复压闭锁方向过电流			低压侧过电流保护		
整定值						
相别	A	B	C	A	B	C
电流动作值						
负序电压						
低电压						
动作时限 1						
动作时限 2						

2. 其他功能检验

其他功能检验试验记录如表5-36所示。

表5-36   其他功能检验试验记录

检验项目	定值	时间定值	实测值	实测时间
过负荷				
TV 异常报警	（结果）			

（十四）变压器公共绕组后备保护试验

测试方法参考变压器高压侧后备保护。

1. 变压器公共绕组后备保护试验

变压器公共绕组后备保护试验记录如表5-37所示。

表5-37   变压器公共绕组后备保护试验记录

项目	公共绕组零序过电流		
整定值			
相别	A	B	C
电流动作值			
动作时限 1			

2. 其他功能检验

其他功能检验试验记录如表5-38所示。

表 5-38 　　　　　　　　　　其他功能检验试验记录

检验项目	定值	时间定值	实测值	实测时间
过负荷				
TV 异常报警		(结果)		

三、将装置、回路恢复至开工前状态

检查内容及结果见表 5-39。

表 5-39 　　　　　　　　　　检查内容及结果

检查内容	结 果
校正保护装置时钟	
打印定值报告与定值通知单核对一致	
核对各开关量状态正确，自检报告应无保护装置异常信息	
检查出口压板对地电位正确	
检查措施是否恢复到开工前状态	
检查保护装置、中央信号、监控主站无异常信息	

注　已检验的项目在结果列标注"√"。

四、本次检验中发现问题、处理情况及运行注意事项

_____

_____

_____

五、检验结论

装置经检验：_____（合格、不合格）。

第二节　调压补偿变压器保护的调试方法

一、调压补偿变压器及差动保护介绍

（一）调压补偿变压器保护配置

特高压自耦变压器多采用中性点无励磁调压方式，使用独立的调压补偿变压器调压绕组，实现调压的同时，利用补偿绕组的补偿作用，稳定低压绕组电压。

调压补偿变压器绕组，其绕组匝数相对于主体串联绕组和公共绕组匝数比例较小，调压补偿变压器绕组每匝电压相对于自耦变压器绕组电压也较小，

当发生调压补偿变压器匝间故障短路时，电气故障量折算到自耦变压器主体呈现的故障量较小，主体差动电流难以达到差动保护定值，根据中国电力科学研究院的型式试验，当调压变压器发生 25% 匝间短路严重内部故障时，变压器主体差流刚刚超过差动启动电流值，短路匝数较少时，主体差动保护甚至无法启动。因而，在原有变压器主体差动保护配置外，需要单独配置调压补偿变压器差动保护，以提高调压补偿变压器匝间短路故障时的灵敏度，由于调压变压器的差动保护仅用来提高小故障下的灵敏度，故无须配置差速断保护。

除了调压补偿变压器差动保护外，还单独配置有非电量保护，主要包含重瓦斯、轻瓦斯、压力释放、油位异常、油温高报警等功能。

根据主接线方式不同，差动保护电流互感器的选取也有差异，以 Y/Y/d 变压器接线方式为例。

调压变压器励磁绕组电源取自本体低压绕组电压（变磁通方式），如图 5-11 所示，由 TA5、TA6、TA7 构成调压变压器差动保护，TA4、TA6、TA7 构成补偿变压器差动保护，也可由 TA6、TA8 构成补偿变压器差动保护。

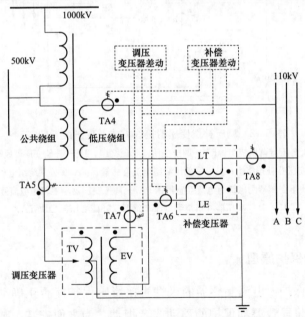

图 5-11 调压补偿变压器接线方式及保护配置图一

TV—调压变压器调压绕组；EV—调压变压器励磁绕组；LE—补偿变压器励磁绕组；
LT—补偿变压器补偿绕组；TA4—低压绕组电流互感器；TA5—公共绕组电流互感器；
TA6—补偿变压器励磁绕组电流互感器；TA7—调压变压器励磁绕组电流互感器；
TA8—补偿变压器补偿绕组电流互感器（补偿变压器二次 TA）

（二）调压变压器励磁绕组电源取自低压绕组和补偿绕组的串联（恒磁通方式）

调压变压器励磁绕组电源取自低压绕组和补偿绕组的串联（恒磁通方式）及低压侧电压，如图 5-12 所示。由 TA5、TA6、TA7 构成调压变压器差动保护，TA4、TA6 构成补偿变压器差动保护，也可由 TA6、TA8 构成补偿变压器差动保护。

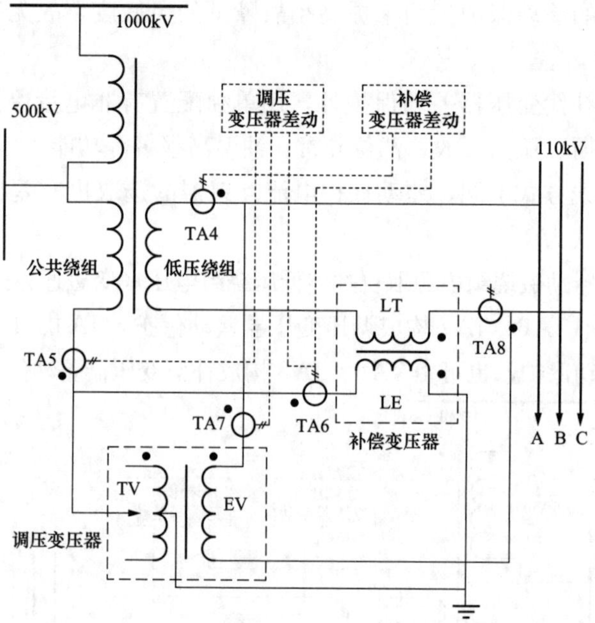

图 5-12　调压补偿变压器接线方式及保护配置图二

TV—调压变压器调压绕组；EV—调压变压器励磁绕组；LE—补偿变压器励磁绕组；LT—补偿变压器补偿绕组；TA4—低压绕组电流互感器；TA5—公共绕组电流互感器；TA6—补偿变压器励磁绕组电流互感器；TA7—调压变压器励磁绕组电流互感器；TA8—补偿变压器补偿绕组电流互感器（补偿变压器二次 TA）

二、差动保护原理

对于差动保护，电流互感器的极性直接影响保护能否正确动作，如果保护极性接反，将导致差动保护的误动或者拒动。为方便安装，减少因极性错误导致的误接线，电流互感器的一次极性端指向变压器外侧（母线侧）且二次极性端与一次极性端同向。各侧电流互感器二次绕组采用星形接线方式，因此调压补偿变压器差动保护各侧电流均不涉及角度及相位调整。

特高压变压器采用中性点无励磁正反调压方式，调压变压器调压绕组共分设由 9 挡，额定挡位为 5 挡，1~4 挡为正挡位，6~9 挡为负挡位。随着调压装置正负挡位的切换，流过 TA5、TA6 电流互感器的一次电流方向也随着变化，二次极性的选择也需要随着调整，如果不同时改变 TA7 的极性，将导致差动保护误动作，此极性由保护装置软件自动根据挡位调整。

当挡位处于 1~4 挡时，装置内部选取的 TA7 极性与 TA5、TA6 极性相反；当挡位处于 6~9 挡时，装置内部调整 TA7 极性，选取 TA5、TA6、TA7 极性相同。

当挡位为额定挡位时，公共绕组直接接地，调压变压器一次开路状态，调压绕组 TV 中无电流流过，补偿变压器励磁绕组 LE 电压为 0V，补偿变压器调压绕组 LT 电压同样为 0V，低压绕组 LV 电压即为 110kV 线电压，此时，调压变压器差动保护 TA5、TA6 电流不参与计算，保留 TA7 电流，相当于普通的过电流保护，动作值仍为差动保护电流整定值。

调压补偿变压器纵差保护电流互感器极性整定如表 5-40 所示。

表 5-40   调压补偿变压器纵差保护电流互感器极性整定

保护名称	TA 名称	TA 编号	极性
调压变压器差动保护	公共绕组电流互感器	TA5	—
	补偿变压器电流互感器	TA6	—
	调压变压器电流互感器	TA7	＋（1~4 挡） －（6~9 挡）
补偿变压器 差动保护	低压绕组电流互感器	TA4	＋
	补偿变压器电流互感器	TA6	＋
	调压变压器电流互感器	TA7	＋

当调压变压器处于不同挡位时，调压变压器、补偿变压器绕组的参数也同时发生变化，调压变压器调压绕组、励磁绕组及补偿变压器补偿绕组、励磁绕组在每个挡位中的一次额定电流均不相同，因此调压变压器、补偿变压器差动保护装置在 1~9 挡各有 1 套对应的定值，需要根据实际运行挡位选择不同的定值区。

对于补偿变压器差动保护，在不同挡位下均选取 TA4、TA6、TA7 正极性，由于不受调压挡位变化的影响，不涉及极性的调整问题。

（一）调压变压器差动保护

不同的接线方式（见图 5-11、图 5-12），调压变压器差动保护所用的 TA 是相同的，分别为公用绕组 TA5、调压绕组 TA7、补偿绕组 TA6。

根据基尔霍夫定律，在 1~4 挡正挡位时，以电流流进调压变压器为正，当电流从调压变压器一次流进时，电流从二次同名段流出，如图 5-13 所示，假设将 TA5、TA6 电流规算至高压侧。

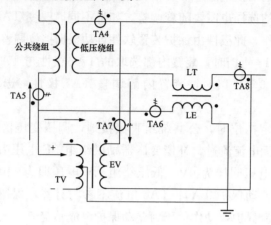

图 5-13 正挡位电流流向示意图

则电流关系

$$I_{TA7} = I_{TA6} + I_{TA5} \tag{5-6}$$

差流

$$I_d = I_{TA7} - I_{TA6} - I_{TA5} \tag{5-7}$$

在 6~9 挡负挡位时，电流从调压变压器一次流进，从二次接地端流出，如图 5-14 所示。

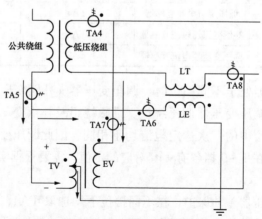

图 5-14 负挡位电流流向示意图

因此电流关系有

$$-I_{TA7} = I_{TA6} + I_{TA5} \tag{5-8}$$

则差流

$$I_d = I_{TA7} + I_{TA6} + I_{TA5} \tag{5-9}$$

（二）补偿变压器差动保护

以下以恒磁通方式为例，如图 5-12 所示。补偿变压器差动保护与调压变压器差动保护不同，电流极性不用根据挡位变化进行极性调整，如图 5-15 所示。

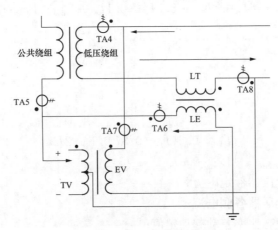

图 5-15　补偿变压器差动保护

根据基尔霍夫定律，电流关系有

$$-I_{TA6} = I_{TA4} \tag{5-10}$$

则差流

$$I_d = I_{TA4} + I_{TA6} \tag{5-11}$$

三、比率差动保护

（一）比率制动特性

为防止不平衡电流导致朝的那个保护误动作，保护设置有比率制动特性。以 PCS-978C-UB 保护为例，比率制动曲线如图 5-16 所示。

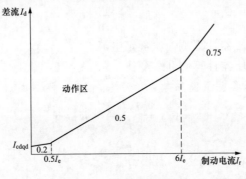

图 5-16　比率制动曲线

稳态比例差动保护用来区分差流是由内部故障还是不平衡输出（特别是外部故障）引起。PCS-978 采用了如下的稳态比率差动动作方程

$$
\begin{cases}
I_d > 0.2I_r + I_{cdqd} & I_r \leqslant 0.5I_e \\
I_d > K_{bl}(I_r - 0.5I_e) + 0.1I_e + I_{cdqd} & 0.5I_e < I_r \leqslant 6I_e \\
I_d > 0.75(I_r - 6I_e) + K_{bl} \cdot 5.5I_e + 0.1I_e + I_{cdqd} & I_r > 6I_e \\
I_r = \dfrac{1}{2}\displaystyle\sum_{i=1}^{m}|I_i| \\
I_d = \left|\displaystyle\sum_{i=1}^{m} I_i\right|
\end{cases}
$$

(5-12)

$$
\begin{cases}
I_d > 0.6(I_r - 0.8I_e) + 1.2I_e \\
I_r > 0.8I_e
\end{cases}
$$

(5-13)

式中　I_e——变压器额定电流；

I_i——变压器各侧电流；

I_{cdqd}——稳态比率差动起动定值；

I_d——差动电流；

I_r——制动电流；

K_{bl}——比率制动系数整定值（$0.2 \leqslant K_{bl} \leqslant 0.75$），装置中固定设为 0.5。

（二）二次额定电流及平衡系数计算

1. 计算变压器各侧一次额定电流

$$
I_{1N} = \frac{S_N}{\sqrt{3}U_{1N}}
$$

(5-14)

式中　S_N——变压器最大额定容量；

U_{1N}——变压器计算侧额定电压。

2. 计算变压器各侧二次额定电流

$$
I_{2N} = \frac{I_{1N}}{n_{LH}}
$$

(5-15)

式中　I_{1N}——变压器计算侧一次额定电流；

n_{LH}——变压器计算侧 TA 变比。

3. 计算变压器各侧平衡系数

$$
K_{ph} = \frac{I_{2N\_min}}{I_{2N}} \times K_b
$$

(5-16)

其中　　　　　　　$K_b = \min\left(\frac{I_{2N\_max}}{I_{2N\_min}}, 2.95\right)$

式中　I_{2N}——变压器计算侧二次额定电流；

I_{2N_min}——变压器各侧二次额定电流值中的最小值；

I_{2N_max}——变压器各侧二次额定电流值中的最大值。

平衡系数的计算方法以变压器各侧中二次额定电流最小的一侧为基准，其他侧依次放大。若最大二次额定电流与最小二次额定电流的比值大于 2.95，则取放大倍数最大的一侧倍数为 2.95，其他侧依次减小；若最大二次额定电流与最小二次额定电流的比值小于 2.95，则取放大倍数最小的一侧倍数为 1，其他侧依次放大。装置为了保证精度，所能接受的最小系数 K_{ph} 为 2.95/32，因此差动保护各侧电流平衡系数调整范围最大可达 32 倍。

四、调压变压器稳态模拟试验

二次额定电流计算：以 PCS-978C-UB 为例，保护装置采集电流 4 组，分别为公共绕组 TA、补偿变压器 TA、调压变压器 TA、低压绕组 TA，如图 5-17 所示。

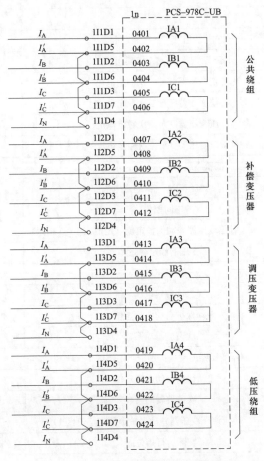

图 5-17 保护装置电流回路布置图

对于 PCS-978C-UB，公共绕组电流、补偿变压器电流和调压变压器电流共同构成调压变压器差动保护，分别对应差动显示的调压变压器分支 1、调压变压器分支 2 和调压变压器分支 3。补偿变压器电流和低压绕组电流（实际也可接入补偿变压器二次电流）共同构成补偿变压器差动，分别对应差动显示的补偿变压器分支 1、补偿变压器分支 3，补偿变压器分支 2 固定退出。

以某站调压补偿变压器为例，调压变压器共有 9 挡，额定挡为 5 挡，设备参数及对应定值如表 5-41 所示。调压变压器差动保护定值 1～9 区，对应调压变压器 1～9 挡运行区；补偿变压器差动保护定值 1～9 区同样，对应补偿变压器 1～9 挡运行区。

表 5-41   设备参数及对应定值

设备参数			
序号	定值项	数值	单位
1	定值区号	1～9	—
2	公共绕组 TA 一次额定电流	2500	A
3	公共绕组 TA 二次额定电流	1	A
4	补偿变压器 TA 一次额定电流	1000	A
5	补偿变压器 TA 二次额定电流	1	A
6	调压变压器 TA 一次额定电流	1000	A
7	调压变压器 TA 二次额定电流	1	A
8	低压绕组 TA 一次额定电流	4000	A
9	低压绕组 TA 二次额定电流	1	A
10	中间挡位	5	—
补偿变压器差动保护定值（定值区 1～9 相同）			
1	变压器额定容量	53.39	MVA
2	一次额定电压	55.434	kV
3	二次额定电压	10.145	kV
4	差动保护启动电流定值	$0.5I_e$	—
5	二次谐波制动系数	0.15	—
调压变压器差动保护定值（定值区 1～9 公共部分）			
1	差动保护启动电流定值	$0.5I_e$	—
2	二次谐波制动系数	0.15	—
调压变压器差动保护定值（定值区 1）			
1	实际运行挡位	1	—
2	变压器额定容量	176.04	MVA

续表

序号	定值项	数值	单位
调压变压器差动保护定值（定值区 1）			
3	一次额定电压	55.436	kV
4	二次额定电压	200.544	kV
调压变压器差动保护定值（定值区 2）			
1	实际运行挡位	2	—
2	变压器额定容量	176.04	MVA
3	一次额定电压	41.577	kV
4	二次额定电压	200.544	kV
调压变压器差动保护定值（定值区 3）			
1	实际运行挡位	3	—
2	变压器额定容量	176.04	MVA
3	一次额定电压	27.717	kV
4	二次额定电压	200.544	kV
调压变压器差动保护定值（定值区 4）			
1	实际运行挡位	4	—
2	变压器额定容量	176.04	MVA
3	一次额定电压	13.859	kV
4	二次额定电压	200.544	kV
调压变压器差动保护定值（定值区 5）			
1	实际运行挡位	5	—
2	变压器额定容量	176.04	MVA
3	一次额定电压	0	kV
4	二次额定电压	200.544	kV
调压变压器差动保护定值（定值区 6）			
1	实际运行挡位	6	—
2	变压器额定容量	176.04	MVA
3	一次额定电压	13.86	kV
4	二次额定电压	200.544	kV
调压变压器差动保护定值（定值区 7）			
1	实际运行挡位	7	—
2	变压器额定容量	176.04	MVA
3	一次额定电压	27.7	kV
4	二次额定电压	200.544	kV

续表

序号	定值项	数值	单位
调压变压器差动保护定值（定值区 8）			
1	实际运行挡位	8	—
2	变压器额定容量	176.04	MVA
3	一次额定电压	41.576	kV
4	二次额定电压	200.544	kV
调压变压器差动保护定值（定值区 9）			
1	实际运行挡位	9	—
2	变压器额定容量	176.04	MVA
3	一次额定电压	55.434	kV
4	二次额定电压	200.544	kV

调压变压器定值中的运行挡位为调压变压器实际运行的挡位，当运行挡位大于额定挡位时，装置内部将调压变压器 3 分支的极性取反。调压变压器的一次电压根据挡位不同有所不同。I_e 为变压器调平后的额定电流。补偿变压器由于不存在挡位调节，各挡位额定容量、额定电压数值相同。

差动保护电流配置如图 5-18 所示。

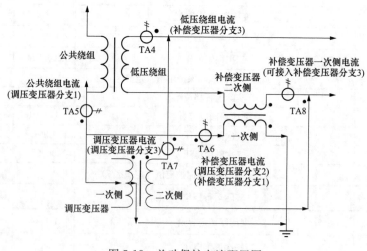

图 5-18 差动保护电流配置图

额定电流计算公式为

$$I_e = \frac{S_N}{\sqrt{3}U_{1N} \cdot n_{TA}} \qquad (5\text{-}17)$$

式中 S_N——变压器计算侧最大额定容量;

$\quad\quad U_{1N}$——变压器计算侧额定电压;

$\quad\quad n_{TA}$——变压器计算侧 TA 变比。

由此计算可得各侧互感器二次额定电流(调压变压器以定值区 1、5、9 为例)。

定值区 1 调压变压器分支 1 二次额定电流为

$$I_e = \frac{176.04 \times 1000}{\sqrt{3} \times 55.436 \times 2500} = 0.733(A)$$

同方式可得:

定值区 1 调压变压器分支 2 二次额定电流: $I_e = 1.833A$。

定值区 1 调压变压器分支 3 二次额定电流: $I_e = 0.507A$。

定值区 5 调压变压器分支 3 二次额定电流: $I_e = 0.507A$。

定值区 9 调压变压器分支 1 二次额定电流: $I_e = 0.733A$。

定值区 9 调压变压器分支 2 二次额定电流: $I_e = 1.834A$。

定值区 9 调压变压器分支 3 二次额定电流: $I_e = 0.507A$。

补偿变压器分支 1 二次额定电流: $I_e = 0.556A$。

补偿变压器分支 2 二次额定电流: $I_e = 0.760A$。

五、差动保护差流平衡试验

(一)正挡位 1 挡,调压变压器分支 1 对调压变压器分支 3 平衡

使用继电保护测试仪 3 路电流法进行接线,在调压变压器分支 1 和调压变压器分支 3 支路 A 相加二次额定电流(保护 B、C 相原理相同)。接线方式如图 5-19 所示。

规定互感器正极性流入为 0°,继电保护测试仪 I_A 输入调压变压器分支 1 二次额定电流 0.733A∠0°。I_C 输入调压变压器分支 3 二次额定电流 0.507A ∠0°。挡位 1 时调压变压器电流流向如图 5-20 所示。继电保护测试仪参数设置如图 5-21 所示。

此时保护装置调压变压器差动保护 A 相差流显示为 $0.001I_e$,保护装置调压变压器差动保护采样如表 5-42 所示。

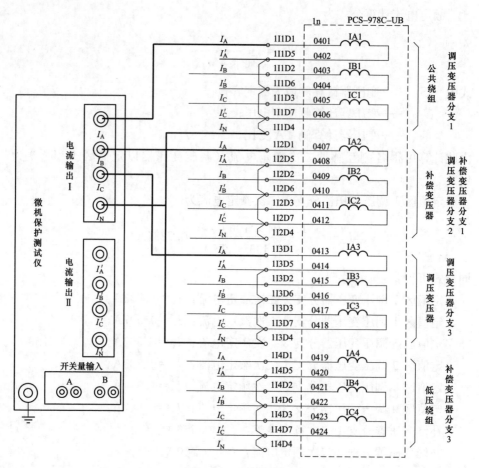

图 5-19 试验接线图

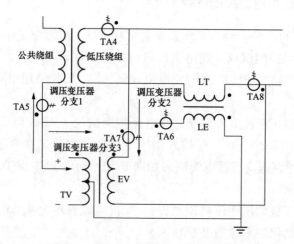

图 5-20 挡位 1 时调压变压器电流流向

图 5-21　继电保护测试仪参数设置

表 5-42　　　　　　　　　保护装置调压变压器差动保护采样

物理量	采样值倍数	采样值基准
调压变压器 A 相差电流幅值	0.001	I_e
调压变压器 B 相差电流幅值	0.001	I_e
调压变压器 C 相差电流幅值	0.000	I_e
调压变压器 A 相制动电流	1.001	I_e
调压变压器 B 相制动电流	0.000	I_e
调压变压器 C 相制动电流	0.000	I_e
调压变压器 A 相差动门槛	0.850	I_e
调压变压器 B 相差动门槛	0.500	I_e
调压变压器 C 相差动门槛	0.500	I_e
调压变压器分支 1A 相调整电流幅值	1.001	I_e
调压变压器分支 1B 相调整电流幅值	0.001	I_e
调压变压器分支 1C 相调整电流幅值	0.000	I_e
调压变压器分支 2A 相调整电流幅值	0.001	I_e
调压变压器分支 2B 相调整电流幅值	0.001	I_e
调压变压器分支 2C 相调整电流幅值	0.000	I_e
调压变压器分支 3A 相调整电流幅值	1.000	I_e
调压变压器分支 3B 相调整电流幅值	0.001	I_e
调压变压器分支 3C 相调整电流幅值	0.001	I_e

（二）正挡位 1 挡，调压变压器分支 2 对调压变压器分支 3 平衡

使用继电保护测试仪 3 路电流法进行接线，在调压变压器分支 2 和调压变压器分支 3 支路 A 相加二次额定电流（保护 B、C 相原理相同）。接线方式如图 5-19 所示。

规定互感器正极性流入为 $0°$，继电保护测试仪 I_B 输入调压变压器分支 2 二次额定电流 $1.833A\angle 0°$。I_C 输入调压变压器分支 3 二次额定电流 $0.507A$ $\angle 0°$。继电保护测试仪参数设置如图 5-22 所示。

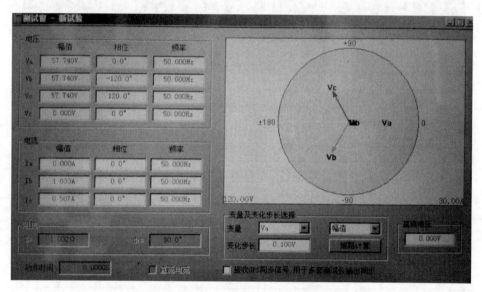

图 5-22　继电保护测试仪参数设置

此时保护装置调压变压器差动保护 A 相差流显示为 $0.009I_e$，保护装置调压变压器差动保护采样如表 5-43 所示。

表 5-43　　　　　　　　保护装置调压变压器差动保护采样

调压变压器 A 相差电流幅值	0.009	I_e
调压变压器 B 压器相差电流幅值	0.002	I_e
调压变压器 C 相差电流幅值	0.002	I_e
调压变压器 A 相制动电流	1.004	I_e
调压变压器 B 相制动电流	0.001	I_e
调压变压器 C 相制动电流	0.001	I_e
调压变压器 A 相差动门槛	0.851	I_e
调压变压器 B 相差动门槛	0.500	I_e

调压变压器 C 相差动门槛	0.500	I_e
调压变压器分支 1A 相调整电流幅值	0.001	I_e
调压变压器分支 1B 相调整电流幅值	0.002	I_e
调压变压器分支 1C 相调整电流幅值	0.001	I_e
调压变压器分支 2A 相调整电流幅值	1.005	I_e
调压变压器分支 2B 相调整电流幅值	0.000	I_e
调压变压器分支 2C 相调整电流幅值	0.001	I_e
调压变压器分支 3A 相调整电流幅值	1.003	I_e
调压变压器分支 3B 相调整电流幅值	0.001	I_e
调压变压器分支 3C 相调整电流幅值	0.001	I_e

（三）负挡位 9 挡，调压变压器分支 1 对调压变压器分支 3 平衡

使用继电保护测试仪 3 路电流法进行接线，在调压变压器分支 1 和调压变压器分支 3 支路 A 相加二次额定电流（保护 B、C 相原理相同）。接线方式如图 5-19 所示，电流流向如图 5-23 所示。

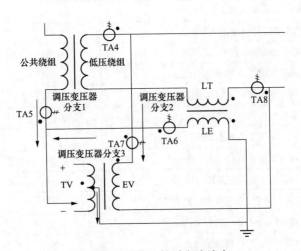

图 5-23　挡位 9 挡时电流流向

规定互感器正极性流入为 0°，继电保护测试仪 I_A 输入调压变压器分支 1 二次额定电流 0.733A∠180°。I_C 输入调压变压器分支 3 二次额定电流 0.507A ∠0°。继电保护测试仪参数设置如图 5-24 所示。

此时保护装置调压变压器差动保护 A 相差流显示为 $0.001I_e$，保护装置调压变压器差动保护采样如表 5-44 所示。

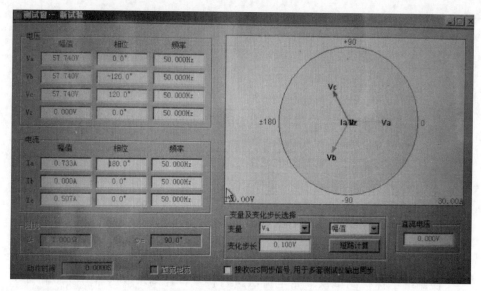

图 5-24　继电保护测试仪参数设置

表 5-44　　　　　　　　　　　保护装置调压变压器差动保护采样

调压变压器 A 相差电流幅值	0.001	I_e
调压变压器 B 相差电流幅值	0.001	I_e
调压变压器 C 相差电流幅值	0.001	I_e
调压变压器 A 相制动电流	1.002	I_e
调压变压器 B 相制动电流	0.001	I_e
调压变压器 C 相制动电流	0.001	I_e
调压变压器 A 相差动门槛	0.850	I_e
调压变压器 B 相差动门槛	0.500	I_e
调压变压器 C 相差动门槛	0.500	I_e
调压变压器分支 1A 相调整电流幅值	1.002	I_e
调压变压器分支 1B 相调整电流幅值	0.001	I_e
调压变压器分支 1C 相调整电流幅值	0.001	I_e
调压变压器分支 2A 相调整电流幅值	0.001	I_e
调压变压器分支 2B 相调整电流幅值	0.001	I_e
调压变压器分支 2C 相调整电流幅值	0.001	I_e
调压变压器分支 3A 相调整电流幅值	1.002	I_e
调压变压器分支 3B 相调整电流幅值	0.001	I_e
调压变压器分支 3C 相调整电流幅值	0.001	I_e

（四）负挡位 9 挡，调压变压器分支 2 对调压变压器分支 3 平衡

使用继电保护测试仪 3 路电流法进行接线，在调压变压器分支 2 和调压变压器分支 3 支路 A 相加二次额定电流（保护 B、C 相原理相同）。接线方式如图 5-19 所示。

规定互感器正极性流入为 $0°$，继电保护测试仪 I_B 输入调压变压器分支 2 二次额定电流 $1.833\text{A}\angle180°$。I_C 输入调压变压器分支 3 二次额定电流 $0.507\text{A}\angle0°$。继电保护测试仪参数设置如图 5-25 所示。

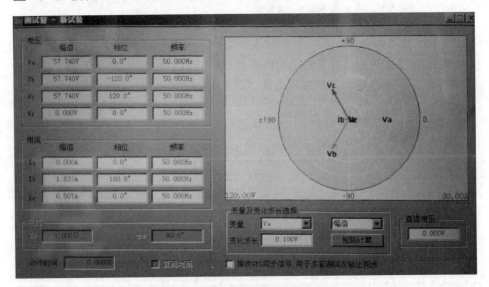

图 5-25　继电保护测试仪参数设置

此时保护装置调压变压器差动保护 A 相差流显示为 $0.007I_e$，保护装置调压变压器差动保护采样如表 5-45 所示。

表 5-45　　　　　　　　保护装置调压变压器差动保护采样

调压变压器 A 相差电流幅值	0.007	I_e
调压变压器 B 相差电流幅值	0.003	I_e
调压变压器 C 相差电流幅值	0.001	I_e
调压变压器 A 相制动电流	1.003	I_e
调压变压器 B 相制动电流	0.001	I_e
调压变压器 C 相制动电流	0.001	I_e
调压变压器 A 相差动门槛	0.851	I_e
调压变压器 B 相差动门槛	0.500	I_e
调压变压器 C 相差动门槛	0.500	I_e
调压变压器分支 1A 相调整电流幅值	0.001	I_e

147

调压变压器分支 1B 相调整电流幅值	0.001	I_e
调压变压器分支 1C 相调整电流幅值	0.001	I_e
调压变压器分支 2A 相调整电流幅值	1.004	I_e
调压变压器分支 2B 相调整电流幅值	0.000	I_e
调压变压器分支 2C 相调整电流幅值	0.001	I_e
调压变压器分支 3A 相调整电流幅值	1.003	I_e
调压变压器分支 3B 相调整电流幅值	0.001	I_e
调压变压器分支 3C 相调整电流幅值	0.001	I_e

（五）补偿变压器分支 1 和补偿变压器分支 3 平衡

使用继电保护测试仪 3 路电流法进行接线，在补偿变压器分支 1 和补偿变压器分支 3 支路 A 相加二次额定电流（保护 B、C 相原理相同）。接线方式如图 5-26 所示。

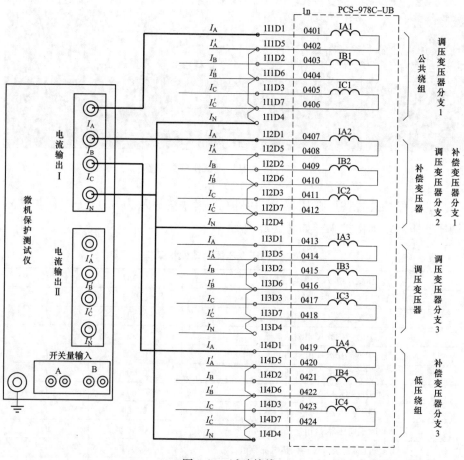

图 5-26　试验接线

规定互感器正极性流入为 0°，继电保护测试仪 I_B 输入补偿变压器分支 1 二次额定电流 0.556A∠180°。I_C 输入补偿变压器分支 3 二次额定电流 0.760A ∠0°。补偿变压器电流流向如图 5-27 所示。继电保护测试参数设置如图 5-28 所示。

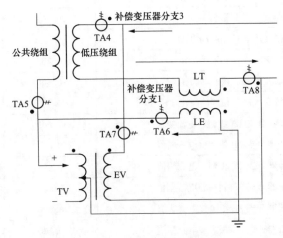

图 5-27　补偿变压器电流流向

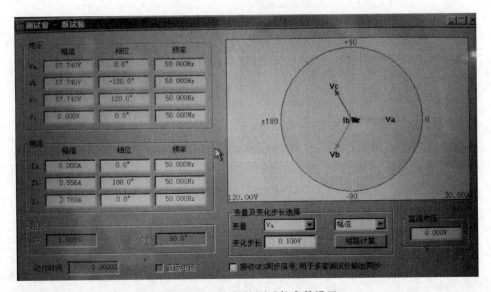

图 5-28　继电保护测试仪参数设置

此时保护装置补偿变压器差动保护 A 相差流显示为 $0.003I_e$，保护装置调压变压器差动保护采样如表 5-46 所示。

表 5-46 保护装置调压变压器差动保护采样

补偿变压器 A 相差电流幅值	0.003	I_e
补偿变压器 B 相差电流幅值	0.002	I_e
补偿变压器 C 相差电流幅值	0.001	I_e
补偿变压器 A 相制动电流	1.006	I_e
补偿变压器 B 相制动电流	0.001	I_e
补偿变压器 C 相制动电流	0.001	I_e
补偿变压器 A 相差动门槛	0.853	I_e
补偿变压器 B 相差动门槛	0.500	I_e
补偿变压器 C 相差动门槛	0.500	I_e
补偿变压器分支 1A 相调整电流幅值	1.003	I_e
补偿变压器分支 1B 相调整电流幅值	0.002	I_e
补偿变压器分支 1C 相调整电流幅值	0.002	I_e
补偿变压器分支 2A 相调整电流幅值	0.000	I_e
补偿变压器分支 2B 相调整电流幅值	0.000	I_e
补偿变压器分支 2C 相调整电流幅值	0.000	I_e
补偿变压器分支 3A 相调整电流幅值	1.008	I_e
补偿变压器分支 3B 相调整电流幅值	0.001	I_e
补偿变压器分支 3C 相调整电流幅值	0.001	I_e

六、差动保护启动值校验

1. 调压变压器差动保护启动值校验

试验条件：投入差动保护硬压板、纵差保护软压板、调压变压器纵差保护投入控制字，退出补偿变压器纵差保护投入控制字和调压变压器 TA 断线闭锁差动保护控制字。

接线方式：如图 5-19 所示，继电保护测试仪 I_A 接入保护装置调压变压器分支 1 公用绕组 I_a。

试验方法：比率制动曲线第一折线斜率固定 0.2，非直线，采用单侧逐步升流至差动保护动作，计算得调压变压器启动值，定值差动启动值为 $0.5I_e$。

初步 I_A 加 0.350A∠0°，幅值步长 0.001A，差动保护不动作，逐步增加 I_A，直至 0.406A，调压变压器差动保护动作。

继电保护测试参数设置如图 5-29 所示。

调压变压器差动保护采样如表 5-47 所示。

图 5-29　继电保护测试仪参数设置

表 5-47　　　　　　　　　　　调压变压器差动保护采样

调压变压器 A 相差电流幅值	0.554	I_e
调压变压器 B 相差电流幅值	0.001	I_e
调压变压器 C 相差电流幅值	0.001	I_e
调压变压器 A 相制动电流	0.277	I_e
调压变压器 B 相制动电流	0.001	I_e
调压变压器 C 相制动电流	0.001	I_e
调压变压器 A 相差动门槛	0.555	I_e
调压变压器 B 相差动门槛	0.500	I_e
调压变压器 C 相差动门槛	0.500	I_e
调压变压器 1 分支 A 相调整电流幅值	0.554	I_e
调压变压器 1 分支 B 相调整电流幅值	0.000	I_e
调压变压器 1 分支 C 相调整电流幅值	0.001	I_e
调压变压器 2 分支 A 相调整电流幅值	0.001	I_e
调压变压器 2 分支 B 相调整电流幅值	0.001	I_e
调压变压器 2 分支 C 相调整电流幅值	0.001	I_e
调压变压器 3 分支 A 相调整电流幅值	1.000	I_e
调压变压器 3 分支 B 相调整电流幅值	0.001	I_e
调压变压器 3 分支 C 相调整电流幅值	0.001	I_e

此时差流 I_d＝0.406A，0.406/0.733＝0.544，I_d＝0.544I_e，制动电流 I_r＝0.544I_e/2＝0.277I_e。

由比率制动差动保护方程可知，第一折线中 I_d＝I_{qcd}＋I_r×0.2＝I_{qcd}＋0.277I_e×0.2＝0.544I_e，因此计算得 I_{qcd}＝0.499I_e，近似于定值0.5I_e。

2. 补偿变压器差动保护启动值校验

试验条件：投入差动保护硬压板、纵差保护软压板、补偿变压器纵差保护投入控制字，退出调压变压器纵差保护投入控制字和补偿变压器 TA 断线闭锁差动保护控制字。

接线方式：如图 5-26 所示，继电保护测试仪 I_C 接入保护装置补偿变压器分支 $3I_a$。

试验方法：比率制动曲线第一折线斜率固定 0.2，非直线，采用单侧逐步升流至差动保护动作，计算得调压变压器启动值，定值差动启动值为 0.5I_e。

初步 I_C 加 0.400A∠0°，幅值步长 0.001A，差动保护不动作，逐步增加 I_C 值，直至 0.419A，补偿变压器差动保护动作。

继电保护测试仪参数设置如图 5-30 所示。

补偿变压器差动保护采样如表 5-48 所示。

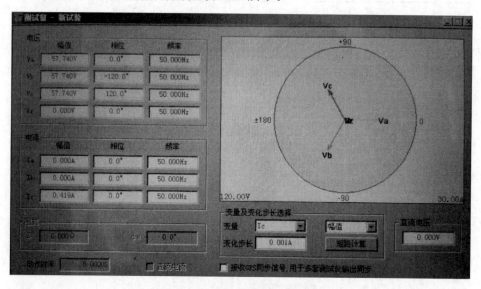

图 5-30　继电保护测试仪参数设置

表 5-48　　　　　　　　**补偿变压器差动保护采样**

补偿变压器 A 相差电流幅值	0.554	I_e
补偿变压器 B 相差电流幅值	0.001	I_e
补偿变压器 C 相差电流幅值	0.001	I_e

补偿变压器 A 相制动电流	0.277	I_e
补偿变压器 B 相制动电流	0.001	I_e
补偿变压器 C 相制动电流	0.001	I_e
补偿变压器 A 相差动门槛	0.555	I_e
补偿变压器 B 相差动门槛	0.500	I_e
补偿变压器 C 相差动门槛	0.500	I_e
补偿变压器分支 1A 相调整电流幅值	0.001	I_e
补偿变压器分支 1B 相调整电流幅值	0.001	I_e
补偿变压器分支 1C 相调整电流幅值	0.001	I_e
补偿变压器分支 2A 相调整电流幅值	0.000	I_e
补偿变压器分支 2B 相调整电流幅值	0.000	I_e
补偿变压器分支 2C 相调整电流幅值	0.000	I_e
补偿变压器分支 3A 相调整电流幅值	0.554	I_e
补偿变压器分支 3B 相调整电流幅值	0.001	I_e
补偿变压器分支 3C 相调整电流幅值	0.000	I_e

此时差流 $I_d = 0.419A$，$0.419/0.760 = 0.551$，$I_d = 0.551I_e$，制动电流 $I_r = 0.551I_e/2 = 0.2755I_e$。

由比率制动差动保护方程可知，第一折线中 $I_d = I_{qcd} + I_r \times 0.2 = I_{qcd} + 0.2755I_e \times 0.2 = 0.551I_e$，因此计算得 $I_{qcd} = 0.496I_e$，近似于定值 $0.5I_e$。

七、差动保护比率制动特性校验

（一）正挡位 1 时，调压变压器分支 1 对调压变压器分支 3

试验条件：投入差动保护硬压板、纵差保护软压板、调压变压器纵差保护投入控制字，退出补偿变压器纵差保护投入控制字和调压变压器 TA 断线闭锁差动保护控制字。

接线方式：如图 5-19 所示，继电保护测试仪 I_A 接入保护装置调压变压器分支 1 公用绕组 I_a，测试仪 I_C 接入保护装置调压变压器分支 3 调压变压器 I_a。

试验方法：正挡位时，分支 1 电流 I_1、分支 3 电流 I_2 相位一致，设为 0°。极性图如图 5-31 所示。

1. 选取制动电流 $I_r = I_e$ 点，利用标幺值方法计算

$$I_d = I_1 - I_2$$
$$I_r = (I_1 + I_2)/2 = I_e$$

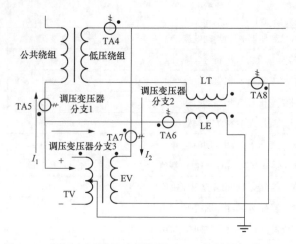

图 5-31　调压变压器差动保护测试 TA 极性图（分支 1-3）

根据比率制动方程，$I_r = I_e$时

$$I_d = I_{qcd} + 0.5 I_e \times 0.2 + (I_e - 0.5 I_e) \times 0.5 = 0.85 I_e = I_1 - I_2$$

则得

$$I_1 = 1.425 I_e = 1.425 \times 0.733 = 1.045\mathrm{A} \angle 0°$$

$$I_2 = 0.575 I_e = 0.575 \times 0.507 = 0.292\mathrm{A} \angle 0°$$

试验初步增大 I_2 的值，保证调压变压器差动保护不动作。继电保护测试仪 I_A 输入 $1.045\mathrm{A} \angle 0°$，$I_C$ 输入 $0.300\mathrm{A} \angle 0°$，如图 5-32 所示。

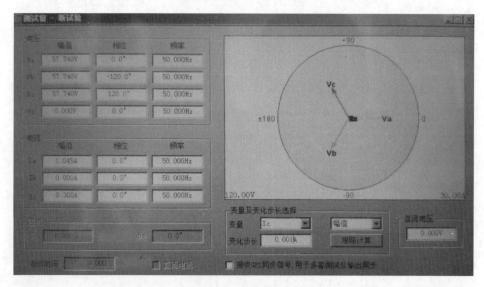

图 5-32　初始设置

如图 5-33 所示，设置 I_c 幅值步长 0.001A，逐步降低 I_c 的值，直至 $I_c =$ 0.293A∠0°时保护动作。装置动作如图 5-34 所示。

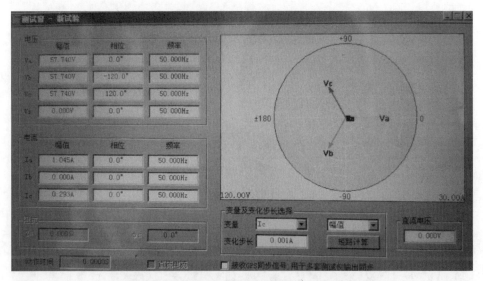

图 5-33　保护动作时继电保护测试仪的参数设置

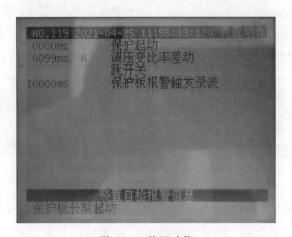

图 5-34　装置动作

试验得

$$I_1 = 1.425 I_e$$
$$I_2 = 0.293/0.507 I_e = 0.578 I_e$$
$$I_d = 1.425 I_e - 0.578 I_e = 0.847 I_e$$
$$I_r = (1.425 I_e + 0.578 I_e)/2 = 1.002 I_e$$

2. 选取制动电流 $I_r = 1.5I_e$ 点，利用标幺值方法计算

$$I_d = I_1 - I_2$$

$$I_r = (I_1 + I_2)/2 = 1.5I_e$$

根据比率制动方程，$I_r = 1.5I_e$ 时

$$I_d = I_{qcd} + 0.5I_e \times 0.2 + (1.5I_e - 0.5I_e) \times 0.5 = 1.1I_e = I_1 - I_2$$

则得

$$I_1 = 2.05I_e = 2.05 \times 0.733 = 1.503A\angle 0°$$

$$I_2 = 0.95I_e = 0.95 \times 0.507 = 0.482A\angle 0°$$

试验初步增大 I_2 的值，保证调压变压器差动保护不动作。继电保护测试仪 I_A 输入 1.503A$\angle 0°$，I_C 输入 0.490A$\angle 0°$，如图 5-35 所示。

图 5-35 初始设置

如图 5-36 所示，设置 I_C 幅值步长 0.001A，逐步降低 I_C 的值，直至 $I_C = 0.482A\angle 0°$ 时保护动作。装置动作如图 5-37 所示。

试验得

$$I_1 = 2.05I_e$$

$$I_2 = 0.482/0.507I_e = 0.95I_e$$

$$I_d = 2.05I_e - 0.95I_e = 1.1I_e$$

$$I_r = (2.05I_e + 0.95I_e)/2 = 1.5I_e$$

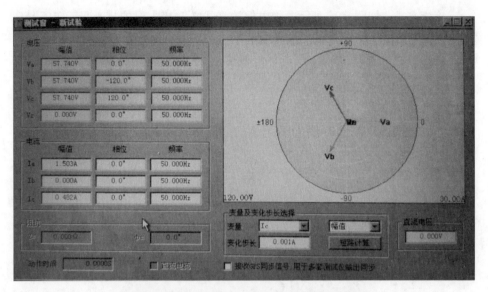

图 5-36　保护动作时继电保护测试仪的参数设置

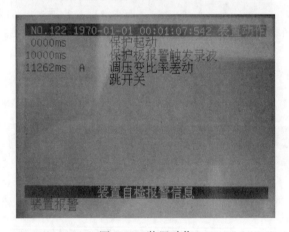

图 5-37　装置动作

3. 试验结果计算

根据两个动作点可得第二折线斜率

$$K = (1.1I_e - 0.847I_e)/(1.5I_e - 1.002I_e) = 0.508$$

近似于装置固化值 0.5，第二折线比率特性校验合格。

（二）正挡位 1 时，调压变压器分支 2 对调压变压器分支 3

试验条件：投入差动保护硬压板、纵差保护软压板、调压变压器纵差保护投入控制字，退出补偿变压器纵差保护投入控制字和调压变压器 TA 断线闭锁差动保护控制字，切换定值区值 1 区。

接线方式：如图 5-19 所示，继电保护测试仪 I_B 接入保护装置调压变压器分支 2 补偿变压器 I_a，测试仪 I_C 接入保护装置调压变压器分支 3 调压变压器 I_a。

试验方法：正挡位时，分支 1 电流 I_1、分支 3 电流 I_2 相位一致，设为 0°。极性图如图 5-38 所示。

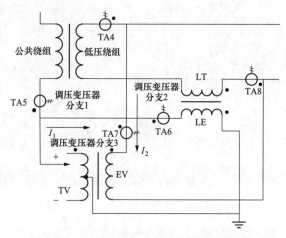

图 5-38 调压变压器差动保护测试 TA 极性图（分支 2-3）

1. 选取制动电流 $I_r = I_e$ 点，利用标幺值方法计算

$$I_d = I_1 - I_2$$

$$I_r = (I_1 + I_2)/2 = I_e$$

根据比率制动方程，$I_r = I_e$ 时

$$I_d = I_{qcd} + 0.5I_e \times 0.2 + (I_e - 0.5I_e) \times 0.5 = 0.85I_e = I_1 - I_2$$

则得

$$I_1 = 1.425I_e = 1.425 \times 1.833 = 2.612A\angle 0°$$

$$I_2 = 0.575I_e = 0.575 \times 0.507 = 0.292A\angle 0°$$

试验初步增大 I_2 的值，保证调压变压器差动保护不动作。继电保护测试仪 I_B 输入 2.612A∠0°，I_C 输入 0.300A∠0°，如图 5-39 所示。

如图 5-40 所示，设置 I_C 幅值步长 0.001A，逐步降低 I_C 的值，直至 $I_C = 0.293A\angle 0°$ 时保护动作。装置动作如图 5-41 所示。

试验得

$$I_1 = 1.425I_e$$

$$I_2 = 0.293/0.507I_e = 0.578I_e$$

$$I_d = 1.425I_e - 0.578I_e = 0.847I_e$$

$$I_r = (1.425I_e + 0.578I_e)/2 = 1.002I_e$$

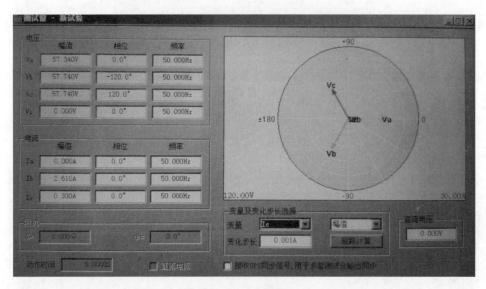

图 5-39　初始设置

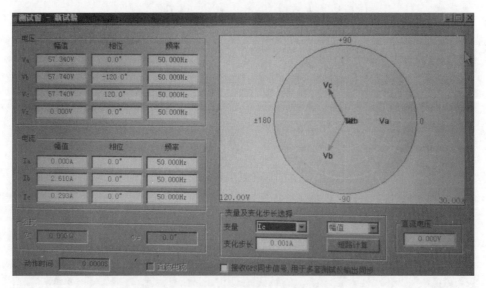

图 5-40　保护动作时继电保护测试仪的参数设置

2. 选取制动电流 $I_r = 1.5 I_e$ 点，利用标幺值方法计算

$$I_d = I_1 - I_2$$

$$I_r = (I_1 + I_2)/2 = 1.5 I_e$$

根据比率制动方程，$I_r = 1.5 I_e$ 时

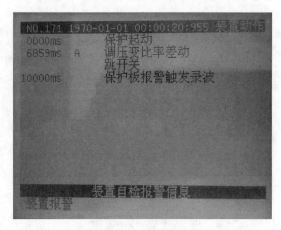

图 5-41　装置动作

$$I_d = I_{qcd} + 0.5I_e \times 0.2 + (1.5I_e - 0.5I_e) \times 0.5 = 1.1I_e = I_1 - I_2$$

则得

$$I_1 = 2.05I_e = 2.05 \times 1.833 = 3.758A\angle 0°$$

$$I_2 = 0.95I_e = 0.95 \times 0.507 = 0.482A\angle 0°$$

试验初步增大 I_2 的值，保证调压变压器差动保护不动作。继电保护测试仪 I_B 输入 $3.758A\angle 0°$，I_C 输入 $0.490A\angle 0°$，如图 5-42 所示。

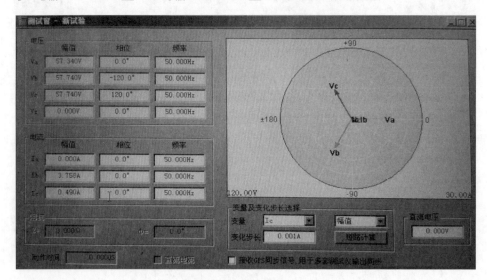

图 5-42　初始设置

如图 5-43 所示，设置 I_C 幅值步长 $0.001A$，逐步降低 I_C 的值，直至 $I_C =$ $0.483A\angle 0°$ 时保护动作。装置动作如图 5-44 所示。

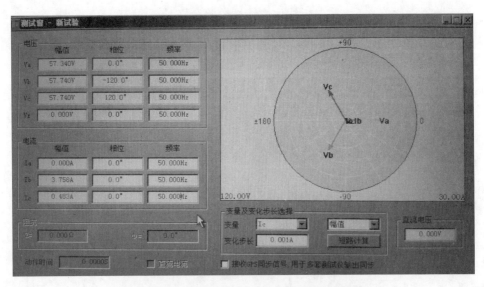

图 5-43　保护动作时继电保护测试仪的参数设置

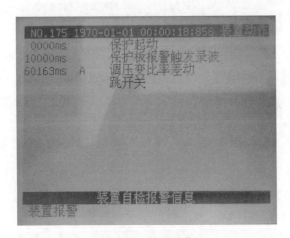

图 5-44　装置动作

试验得

$$I_1 = 2.05I_e$$
$$I_2 = 0.483/0.507I_e = 0.953I_e$$
$$I_d = 2.05I_e - 0.953I_e = 1.097I_e$$
$$I_r = (2.05I_e + 0.953I_e)/2 = 1.502I_e$$

3. 试验结果计算

根据两个动作点可得第二折线斜率

$$K = (1.097I_e - 0.847I_e)/(1.502I_e - 1.002I_e) = 0.500$$

等于装置固化值 0.5，第二折线比率特性校验合格。

（三）负挡位 9 时，调压变压器分支 1 对调压变压器分支 3

试验条件：投入差动保护硬压板、纵差保护软压板、调压变压器纵差保护投入控制字，退出补偿变压器纵差保护投入控制字和调压变压器 TA 断线闭锁差动保护控制字，切换定值区值 9 区。

接线方式：如图 5-19 所示，继电保护测试仪 I_A 接入保护装置调压变压器分支 1 公用绕组 I_a，测试仪 I_C 接入保护装置调压变压器分支 3 调压变压器 I_a。

试验方法：正挡位时，分支 1 电流 I_1、分支 3 电流 I_2 相反，设为 I_1 角度 180°，I_2 角度 0°。极性图如图 5-45 所示。

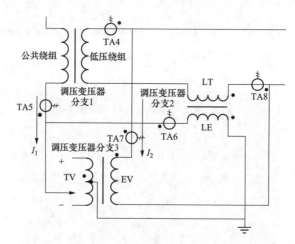

图 5-45　调压变压器差动保护测试 TA 极性图（分支 1-3）

1. 选取制动电流 $I_r = I_e$ 点，利用标幺值方法计算

$$I_d = I_2 + I_1$$

$$I_r = (I_2 - I_1)/2 = I_e$$

根据比率制动方程，$I_r = I_e$ 时

$$I_d = I_{qcd} + 0.5I_e \times 0.2 + (I_e - 0.5I_e) \times 0.5 = 0.85I_e = I_2 + I_1$$

则得

$$I_1 = -0.575I_e = -0.575 \times 0.733 = 0.421A \angle 180°$$

$$I_2 = 1.425I_e = 1.425 \times 0.507 = 0.722A \angle 0°$$

试验初步增大 I_2 的值，保证调压变压器差动保护不动作。继电保护测试仪 I_A 输入 0.421A $\angle$ 180°，I_C 输入 0.710A $\angle$ 0°，如图 5-46 所示。

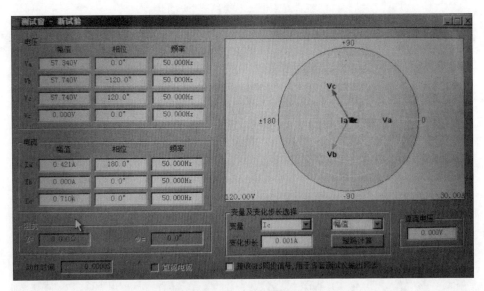

图 5-46　初始设置

如图 5-47 所示，设置 I_C 幅值步长 0.001A，逐步降低 I_C 的值，直至 $I_C=$ 0.720A∠0°时保护动作。

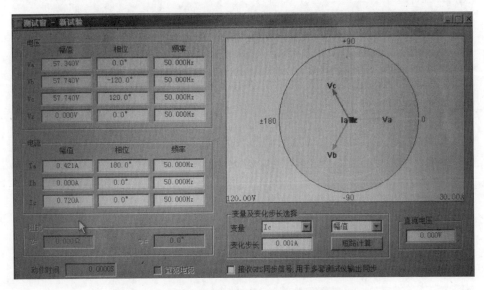

图 5-47　保护动作时继电保护测试仪的参数设置

试验得

$$I_1=-0.575I_e$$
$$I_2=0.720/0.507I_e=1.420I_e$$

$$I_d = 1.420I_e - 0.575I_e = 0.845I_e$$
$$I_r = (1.420I_e + 0.575I_e)/2 = 0.998I_e$$

2. 选取制动电流 $I_r = 1.5I_e$ 点，利用标幺值方法计算

$$I_d = I_2 + I_1$$
$$I_r = (I_2 - I_1)/2 = 1.5I_e$$

根据比率制动方程，$I_r = 1.5I_e$ 时

$$I_d = I_{qcd} + 0.5I_e \times 0.2 + (1.5I_e - 0.5I_e) \times 0.5 = 1.1I_e = I_2 + I_1$$

则得

$$I_1 = -0.95I_e = -0.95 \times 0.733 = 0.696A\angle180°$$
$$I_2 = 2.05I_e = 2.05 \times 0.507 = 1.039A\angle0°$$

试验初步增大 I_2 的值，保证调压变压器差动保护不动作。继电保护测试仪 I_A 输入 $0.696A\angle180°$，I_C 输入 $1.020A\angle0°$，如图 5-48 所示。

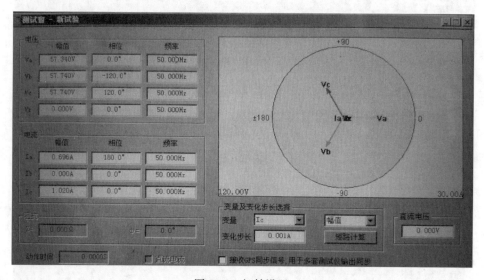

图 5-48 初始设置

如图 5-49 所示，设置 I_C 幅值步长 0.001A，逐步降低 I_C 的值，直至 $I_C = 1.037A\angle0°$ 时保护动作。

试验得

$$I_1 = -0.95I_e$$
$$I_2 = 1.037/0.507I_e = 2.045I_e$$
$$I_d = 2.045I_e - 0.95I_e = 1.095I_e$$
$$I_r = (2.045I_e + 0.95I_e)/2 = 1.498I_e$$

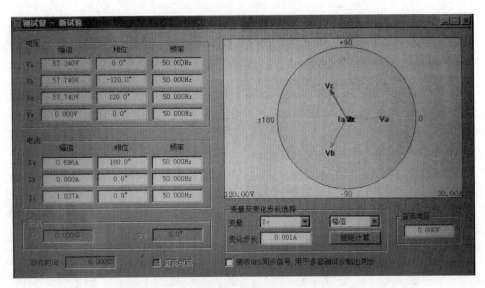

图 5-49　保护动作时继电保护测试仪的参数设置

3. 试验结果计算

根据两个动作点可得第二折线斜率

$$K = (1.095I_e - 0.845I_e)/(1.498I_e - 0.998I_e) = 0.500$$

等于装置固化值 0.5，第二折线比率特性校验合格。调压变压器分支 2 对分支 3 方法同上，此处不再列出。

（四）额定挡位 5 时，调压变压器分支 3 保护

试验条件：投入差动保护硬压板、纵差保护软压板、调压变压器纵差保护投入控制字，退出补偿变压器纵差保护投入控制字和调压变压器 TA 断线闭锁差动保护控制字，切换定值区值 5 区。

接线方式：如图 5-19 所示，继电保护测试仪 I_C 接入保护装置调压变压器分支 3 调压变压器 I_a。极性图如图 5-50 所示。

试验方法：额定挡位下调压分支 1 和调压分支 2 电流不再纳入调压变压器差动计算，此时只有 I_2 电流。

利用标幺值方法计算，则

$$I_d = I_2; I_r = I_2/2$$

根据比率制动方程

$$I_d = I_{qcd} + 0.5I_e \times 0.2 + (I_2/2I_e - 0.5I_e) \times 0.5 = 0.1I_2 + 0.5I_e = I_2$$

则得

$$I_2 = 0.5556I_e = 0.5556 \times 0.507\text{A} = 0.281\text{A} \angle 0°$$

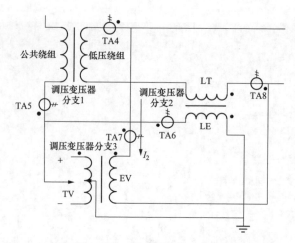

图 5-50　调压变压器差动保护测试 TA 极性图（分支 3）

　　试验初步增大 I_2 的值，保证调压变压器差动保护不动作。继电保护测试仪 I_C 输入 0.275A∠0°，如图 5-51 所示。

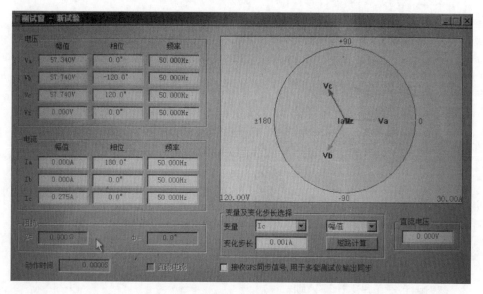

图 5-51　初始设置

　　如图 5-52 所示，设置 I_C 幅值步长 0.001A，逐步降低 I_C 的值，直至 I_C = 0.279A∠0°时保护动作。

　　试验结论：额定挡位时，保护动作正确。

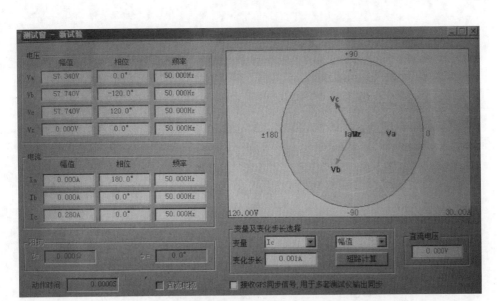

图 5-52　保护动作时继电保护测试仪的参数设置

八、补偿变压器差动保护

试验条件：投入差动保护硬压板、纵差保护软压板、补偿变压器纵差保护投入控制字，退出调压变压器纵差保护投入控制字和补偿变压器 TA 断线闭锁差动保护控制字，切换定值区 1～9 任意区。

接线方式：如图 5-53 所示，继电保护测试仪 I_A 接入保护装置补偿变压器分支 1 补偿变压器 I_a，测试仪 I_B 接入保护装置补偿变压器分支 3 低压绕组 I_a。极性图如图 5-54 所示。

试验方法：补偿变压器分支 1 电流 I_1、分支 3 电流 I_2 相反，设为 I_1 角度 180°，I_2 角度 0°。

1. 选取制动电流 $I_r = I_e$ 点，利用标幺值方法计算

$$I_d = I_2 - I_1$$
$$I_r = (I_2 + I_1)/2 = I_e$$

根据比率制动方程，$I_r = I_e$ 时

$$I_d = I_{qcd} + 0.5I_e \times 0.2 + (I_e - 0.5I_e) \times 0.5 = 0.85I_e = I_2 + I_1$$

则得

$$I_1 = 0.575I_e = 0.575 \times 0.556 = 0.320A \angle 180°$$
$$I_2 = 1.425I_e = 1.425 \times 0.760 = 1.083A \angle 0°$$

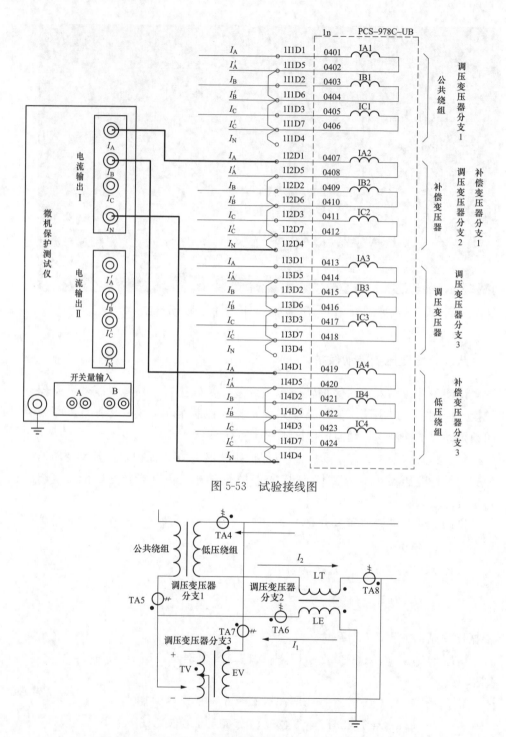

图 5-53　试验接线图

图 5-54　补偿变压器差动保护测试 TA 极性图（分支 1-3）

试验初步增大 I_2 的值，保证调压变压器差动保护不动作。继电保护测试仪 I_A 输入 $0.320A\angle 180°$，I_B 输入 $1.075A\angle 0°$，如图 5-55 所示。

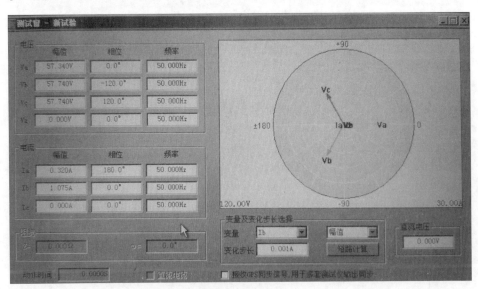

图 5-55　初始设置

如图 5-56 所示，设置 I_C 幅值步长 $0.001A$，逐步降低 I_C 的值，直至 $I_C=1.082A\angle 0°$ 时保护动作。

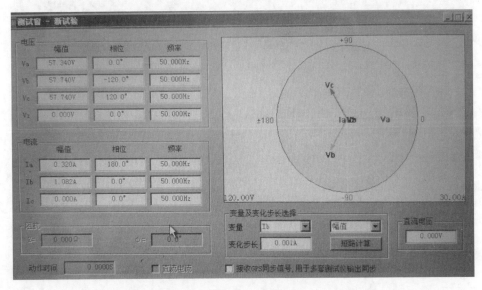

图 5-56　保护动作时继电保护测试仪的参数设置

试验得

$$I_1 = 0.575 I_e$$

$$I_2 = 1.082/0.760 I_e = 1.424 I_e$$

$$I_d = 1.424 I_e - 0.575 I_e = 0.849 I_e$$

$$I_r = (1.424 I_e + 0.575 I_e)/2 = 1.00 I_e$$

2. 选取制动电流 $I_r = 1.5 I_e$ 点，利用标幺值方法计算

$$I_d = I_2 - I_1$$

$$I_r = (I_2 + I_1)/2 = 1.5 I_e$$

根据比率制动方程，$I_r = 1.5 I_e$ 时

$$I_d = I_{qcd} + 0.5 I_e \times 0.2 + (1.5 I_e - 0.5 I_e) \times 0.5 = 1.1 I_e = I_2 + I_1$$

则得

$$I_1 = 0.95 I_e = 0.95 \times 0.556 = 0.528 A \angle 180°$$

$$I_2 = 2.05 I_e = 2.05 \times 0.760 = 1.558 A \angle 0°$$

试验初步增大 I_2 的值，保证调压变压器差动保护不动作。继电保护测试仪 I_A 输入 $0.528 A \angle 180°$，I_B 输入 $1.540 A \angle 0°$，如图 5-57 所示。

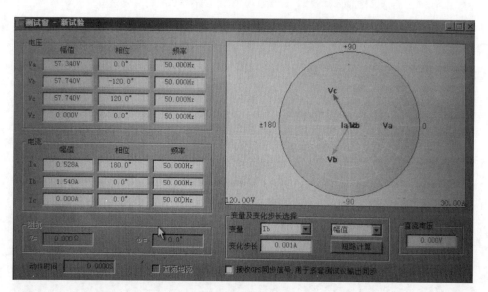

图 5-57 初始设置

如图 5-58 所示，设置 I_C 幅值步长 $0.001 A$，逐步降低 I_C 的值，直至 $I_B = 1.557 A \angle 0°$ 时保护动作。

图 5-58　保护动作时继电保护测试仪的参数设置

试验得

$$I_1 = 0.95I_e$$

$$I_2 = 1.557/0.760I_e = 2.049I_e$$

$$I_d = 2.049I_e - 0.95I_e = 1.099I_e$$

$$I_r = (2.049I_e + 0.95I_e)/2 = 1.5I_e$$

3. 试验结果计算

根据两个动作点可得第二折线斜率

$$K = (1.099I_e - 0.849I_e)/(1.5I_e - 1.0I_e) = 0.500$$

等于装置固化值 0.5，第二折线比率特性校验合格。

九、二次谐波制动校验

试验条件：投入差动保护硬压板、纵差保护软压板、补偿变压器纵差保护投入控制字、调压变压器纵差保护投入控制字，退出补偿变压器 TA 断线闭锁差动保护控制字，切换定值区 1～9 任意区。

接线方式：如图 5-59 所示，继电保护测试仪 I_A、I_B 同时接入保护装置补偿变压器 I_a 电流回路。

试验方法：补偿变压器电流同时参与调压变压器和补偿变压器差动保护，在此回路通入足够的电流，可使调压变压器和补偿变压器差动保护同时动作。保护定值中二次谐波制动系统均为 0.15，试验此方法同时检验调压变压器和

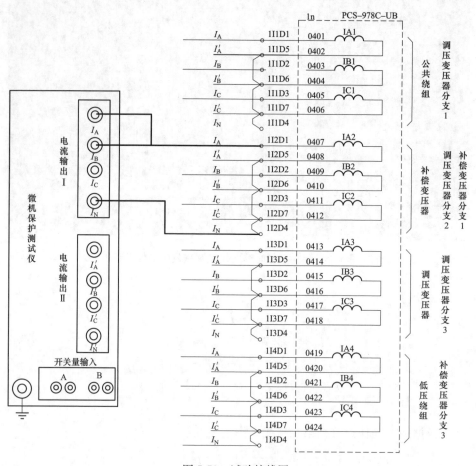

图 5-59　试验接线图

补偿变压器差动保护二次谐波制动，如果两个保护定值不一样也可单独投退进行试验。利用 I_A 加 100Hz 谐波，I_B 加 50Hz 基波。

初步，I_A 加 0.35A，100Hz；I_B 加 2A，50Hz，如图 5-60 所示。

此时 0.35A＞2A×0.15。二次谐波制动调压变压器及补偿变压器差动保护不动作。

如图 5-61 所示，将 I_A 幅值步长设为 0.01A，逐渐降低 I_A 谐波含量。降至 0.30A 临界值时，保护频繁动作、复归，降至 0.29A 时，调压变压器、补偿变压器可靠动作。装置动作如图 5-62 所示。

试验结论：二次谐波制动校验合格。

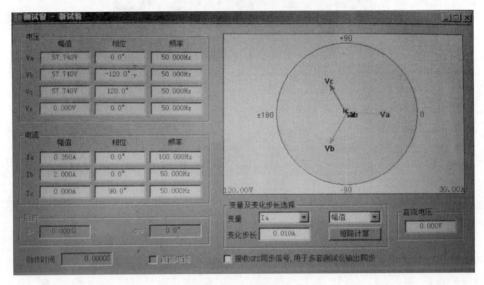

图 5-60 初始设置

图 5-61 保护动作时继电保护测试仪的参数设置

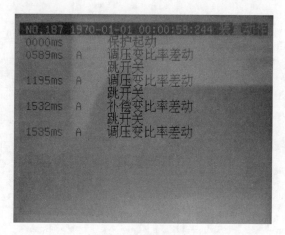

图 5-62　装置动作

第六章

特高压串联补偿保护的调试方法

第一节　MOV 保护调试方法

一、整组功能校验

典型固定串联补偿单相一次接线图如图 4-1 所示，正常运行时电容器组串联在高压输电线路中，以补偿输电电路的感抗，提高输电能力。

隔离开关 MBS、DS1、DS2，接地开关 GS1、GS2 及旁路开关 BPS 主要供串联补偿设备退出、投运及检修用。

金属氧化物限压器 MOV 主要保护电容器，将电容器两端的过电压限制在保护水平以内。

火花间隙 GAP 在线路故障导致 MOV 吸收较多能量时迅速将串联补偿旁路，防止 MOV 区内故障时吸收过多的能量而损坏。

阻尼回路在串联补偿旁路时，迅速将电容器内储存的能量衰减到较低的水平。

旁路开关 BPS 能够将串联补偿投入和退出，同时还能防止火花间隙中的电弧燃弧时间过长而造成的损坏。

500kV 典型固定串联补偿保护 PCS-9570C 装置可提供一套固定串联补偿所需要的全部电量保护，主流配置的固定串联补偿主要保护包括电容器不平衡保护、电容器过负荷保护、MOV 过负荷保护、MOV 不平衡保护、平台闪络保护、次同步谐振保护、线路联跳串联补偿保护、线路电流检测、间隙保护、触发回路监视、旁路开关三相不一致保护、旁路开关失灵保护和光纤系统故障保护。

典型固定串联补偿的保护配置如图 6-1 所示。

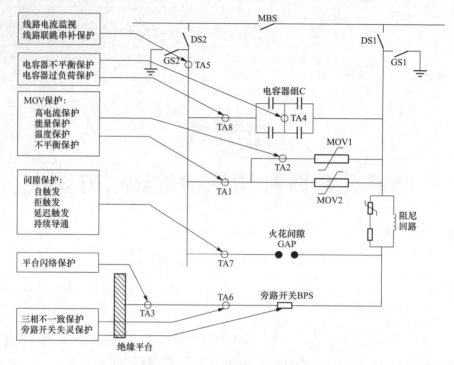

图 6-1　500kV 典型固定串联补偿保护 PCS-9570C 的保护配置

说明：本书仅就其中的主要保护进行调试说明。

1. MOV 不平衡保护

一旦 MOV 故障，MOV 两个分支中流过的电流将不平衡，若其中某一分支电流过大将导致 MOV 损坏。MOV 不平衡保护监测 MOV 两个分支间的不平衡电流，该电流在一定时间内大于定值，将发触发命令（受电容器两端电压闭锁）、旁路命令，永久闭锁并告警。

定值及压板状态：投入 1LP6 投 MOV 保护硬压板，投 MOV 不平衡保护软压板，投单相旁路允许软压板；由定值单知 MOV 不平衡旁路 700A，动作时间为内部固定时间 0.5ms。

试验接线如表 6-1 所示。

表 6-1　　　　　　　　　　　试验接线

测试仪电流端子	保护装置
I_a	2I1D1
I_b	2I2D1
I_c	2I3D1
I_N	2I1D5，并与 2I2D5、2I3D5 短接

试验步骤：MOV 不平衡旁路定值为 700A，则峰值为 495A。所以临界值为 495/1400＝0.35。当两条支路的不平衡电流大于 495A 时，保护就会动作。打开手动菜单或者状态序列菜单，设定 I_a 为 1A，0°。

保护动作情况如表 6-2 所示。

表 6-2　　　　　　　　　　　　保护动作情况

I_b 设定理论值	I_b 设定实测值	保护动作情况

2. MOV 过负荷保护

本保护包括三个保护：MOV 高电流保护、MOV 短时能量保护和 MOV 高温保护。

MOV 短时能量与高电流保护可以分相旁路，而 MOV 高温保护不能分相旁路。当保护发出 MOV 过负荷重投允许时，若没有其他保护旁路命令及其他闭锁重投信号，串联补偿保护将发分闸命令，否则将不会发分闸命令。

3. MOV 高电流保护

定值及压板状态：投入 1LP6 投 MOV 保护硬压板，投 MOV 高电流保护软压板，投单相旁路允许软压板；由定值单知 MOV 高电流旁路值 1000A，动作时间为内部固定时间 0.3ms。

试验接线如表 6-1 所示。

试验步骤：MOV 一般分两组进行安装，为保证 MOV 高电流保护动作的可靠性，同时又不降低其动作的速动性，MOV 高电流保护中增加了对 MOV 分支 1 电流的判别，即 MOV 分支 1 电流瞬时值高于 0.1 倍 MOV 高电流定值（ZC_I1），MOV 电流瞬时值高于 MOV 高电流定值后固定延时 $300\mu s$ 保护动作（保护软硬压板投入）。

打开状态序列菜单，设置 MOV 相电流，也就是测试仪 I_a 输入 1A，0°。

保护动作情况如表 6-3 所示。

表 6-3　　　　　　　　　　　　保护动作情况

I_b 输入实际值	保护动作情况

4. MOV 能量保护

定值及压板状态：投入 1LP6 投 MOV 保护硬压板，投 MOV 能量保护软压板，投单相旁路允许软压板；由定值单知 MOV 能量低定值 40MJ，MOV 能量高定值 100MJ。

试验接线如表 6-1 所示。

试验步骤：打开手动实验菜单，输入 I_b 为 0.5A，0°，校验能量保护低定值和高定值保护的动作情况，如表 6-4 所示。

表 6-4   保护动作情况

检验项目	I_a 输入实际值	保护动作情况
保护低值校验		
保护低值校验		
保护高值校验		
保护高值校验		

说明：MOV 高温保护因为没有外界温度所以不能调试。

第二节　平台闪络保护调试方法

当绝缘平台上的一次设备对绝缘平台闪络放电时，安装在绝缘平台上的一次设备低压端与绝缘平台之间的平台闪络 TA 将流过电流，当该电流大于定值时，平台闪络保护将动作，将串联补偿三相旁路退出运行。

定值及压板状态：投入 1LP7 投平台闪络保护硬压板，投平台闪络保护软压板，投单相旁路允许软压板；由定值单知平台闪络保护旁路定值 200A（有效值），平台闪络保护高旁路定值 1100A（瞬时值），动作时间为 100ms。

试验接线如表 6-1 所示。

试验步骤：将测试仪 I_a、I_b 的输入电流设为 0A，0°。利用 I_c 输入的电流来检验保护的动作情况，如表 6-5 所示。

表 6-5   保护动作情况

检验项目	I_c 输入实际值	保护动作情况
保护低值校验		
保护低值校验		
保护高值校验		
保护高值校验		

第三节　间隙保护调试方法

串联补偿保护触发间隙后要求火花间隙能够迅速（几毫秒内）将串联补偿旁路退出运行，为检测火花间隙动作是否正确，间隙保护主要设置有间隙自触发保护、持续触发保护、延迟触发保护和拒触发保护。

延迟触发与拒触发的时间逻辑如图 6-2 所示。

图 6-2　延迟触发与拒触发的时间逻辑

如果保护发出间隙触发命令后间隙电流瞬时值在时间 SG_T31 至 SG_T32 内有几个采样点高于定值 SG_I3，那么判为延迟触发；若在 SG_T32 后，不管是否有间隙电流出现，均判为拒触发。延迟触发与拒触发动作后均为三相旁路且永久闭锁。其中，延迟触发和拒触发时需要用 MOV 短时能量进行触发才能完成保护的测试。

定值及压板状态：投入 1LP12 投间隙保护硬压板，投自触发保护软压板、持续导通软压板和延时（拒）触发软压板，投单相旁路允许软压板。

试验接线如表 6-6 所示。

表 6-6　试验接线

测试仪电流端子	保护装置
I_a	2I4D1
I_b	2I5D1
I_c	2I8D1
I_N	2I4D5，并与 2I5D5、2I8D5 短接

试验步骤：

（1）自触发保护。由定值单可知，间隙自触发电流阈值为 200A，间隙自触发后重投延时 1000ms，间隙自触发允许动作次数 2。

因为自触发需要另外一套保护输出借鉴作为本套保护的开入接入，所以将 1QD8 和 1QD12 开关量接入作为触发命令。

179

自触发是暂时闭锁的，如果大于 2 次，那么会永久闭锁。

（2）延时触发。打开状态序列菜单，设定两个状态，改变 I_c 的电流值，根据定值设定时间，验证保护的延时触发。

保护动作情况填入表 6-7。

表 6-7 　　　　　　　　　　　　　　保护动作情况

I_c 输入实际值	保护动作情况

（3）拒触发。打开状态序列菜单，设定一个状态，设定 I_c 的电流值，根据定值设定时间，验证保护的拒触发。保护动作情况填写表同表 6-7。

第四节　　电容器不平衡保护调试方法

定值及压板状态：投入 1LP9 投电容器不平衡保护硬压板，投自触发保护软压板、持续导通软压板和延时（拒）触发软压板，投单相旁路允许软压板。

试验接线如表 6-8 所示。

表 6-8 　　　　　　　　　　　　　　试验接线

测试仪电流端子	保护装置
I_a	2I4D1
I_b	2I5D1
I_c	2I8D1
I_N	2I4D5，并与 2I5D5、2I8D5 短接

试验步骤：电容器不平衡保护需要同时提供电容器不平衡电流和电容器总电流，其中测试仪 B 相输出为电容器不平衡电流，测试仪 C 相输出为电容器总电流。打开手动试验菜单，在 B 相电流输入 0.5A，0°，在 C 相电流输入 0.5A，0°，增加 B 相电流输出，在 B 相电流输出 0.8A 时，电容器不平衡保护的低值动作，三相旁路动作，永久性闭锁。

打开手动试验菜单，在 B 相电流输入 1.5A，0°，在 C 相电流输入 0.5A，0°，电容器不平衡保护的高值动作，三相旁路动作，永久性闭锁。

第七章

特高压线路保护的调试方法

第一节 光纤差动保护的调试方法

一、范围

本节规定了微机线路保护装置（1000kV PCS931）调试的实训作业内容、检验要求和试验接线。

本节适用于国家电网有限公司新入职员工培训、专业技能培训的微机线路保护装置（1000kV PCS931）调试项目。

二、引用文件

GB/T 14285—2006《继电保护和安全自动装置技术规程》；

DL/T 995—2016《继电保护和电网安全自动装置检验规程》；

国家电网生〔2012〕352号《国家电网公司十八项电网重点反事故措施（修订版）》。

三、调试前准备

（一）准备工作安排

准备工作安排如表7-1所示。

表 7-1   准备工作安排

序号	内容	标准	结果
1	上课前，准备好操作所需仪器仪表、工器具、相关材料、相关图纸及相关技术资料	仪器仪表、工器具应试验合格，满足本次操作的要求，材料应齐全，图纸及资料应符合现场实际情况	

续表

序号	内容	标准	结果
2	上课前确定现场工器具摆放位置	现场工器具摆放位置应确保现场操作安全、可靠	
3	根据本次工作内容和性质确定好操作学员，并组织学习本节内容	要求所有操作学员都明确本次操作的工作内容、工作标准及安全注意事项	

注 1. 已执行项打"√"；不执行项打"×"。

　　2. 需在序号栏中数字的左侧用"★"符号标识出关键工作项，执行时在结果栏中签字确认。

（二）人员要求

人员要求如表 7-2 所示。

表 7-2　　　　　　　　　　　　　人员要求

序号	内容	结果
1	参与操作的学员身体状况、精神状态良好	
2	需对其他学员进行安全措施、工作范围、安全注意事项等方面的教育	
3	所有学员必须具备必要的电气知识，基本掌握本专业工作技能及电力安全工作规程的相关知识	
4	所有学员必须了解熟悉保护装置的动作原理及调试流程	
5	对各工位的责任人进行明确分工，使工作人员明确各自的职责内容	

注 1. 已执行项打"√"；不执行项打"×"。

　　2. 需在序号栏中数字的左侧用"★"符号标识出关键工作项，执行时在结果栏中签字确认。

（三）备品备件

备品备件如表 7-3 所示。

表 7-3　　　　　　　　　　　　　备品备件

序号	名称	规格	单位	数量	结果
1					
2					
3					
4					

注 1. 已执行项打"√"；不执行项打"×"。

　　2. 需在序号栏中数字的左侧用"★"符号标识出关键工作项，执行时在结果栏中签字确认。

（四）工器具及材料

工器具及材料如表 7-4 所示。

表7-4　　　　　　　　　　　　　工器具及材料

序号	名称	规格	单位	数量	结果
1	组合工具	Star	套	1	
2	电缆盘	带剩余电流动作保护器，220V/10A	只	1	
3	计算器	—	只	1	
4	绝缘电阻表	1000V/500V	只	1	
5	微机型继电保护测试仪	—	套	1	
6	试验线	—	套	1	
7	数字万用表	—	只	1	
8	模拟断路器箱	—	只	2	

注　1. 已执行项打"√"；不执行项打"×"。

　　2. 需在序号栏中数字的左侧用"★"符号标识出关键工作项，执行时在结果栏中签字确认。

（五）危险点分析及安全措施

1. 防止发生人身触电

（1）误入带电间隔。控制措施：工作前要熟悉工作地点、带电部位，检查现场安全围栏、安全警示牌、接地线等安全措施，不要疲劳作业。

（2）试验电源。控制措施：试验时要从专用的继电保护试验电源柜抽取，使用装有剩余电流动作保护器的电源盘；禁止从运行设备上拉取试验电源，防止交流混入直流系统影响保护等设备。拆（接）电源时至少有两人执行，一人操作，一人监护。必须在电源开关拉开的情况下进行。

（3）相关专业配合。控制措施：工作人员之间应相互配合，确保一、二次设备和二次回路上无人工作，传动试验必须得到值班员的许可和配合，绝缘检查结束后应对地放电。

2. 防止发生继电保护"三误"事故

继电保护三误事故是指误碰、误整定、误接线。防三误事故的安全技术措施如下：

（1）工作前应做好充分的准备工作，了解工作地点一次设备、二次设备的运行情况（本工作与运行设备有无直接联系）。熟悉本次工作的范围。

（2）工作人员明确分工并熟悉图纸与检验规程等有关资料。

（3）认真填写安全措施票，特别是针对复杂保护装置或有联跳回路的保护装置，如变压器保护、失灵保护、母线保护及相关联跳和启动回路，应由工作负责人认真填写，并经技术负责人审批。

（4）开工后首先执行安全措施票，每一项措施都要在执行栏做好标记；检验工作结束后，要按照安全措施票逐项恢复，每一项都要做好标记。

（5）接线工作要严格按照图纸进行，严禁以记忆作为工作的依据，防止记忆错误导致的相关严重后果。当图纸与现场实际接线不符时，应查线核对，需要改动时要履行审批检查程序。

（6）整定定值时要按照最新的整定值通知单执行，核对定值单与设备是否相符、一次设备及系统基础数据是否正常。整定完毕后要现场打印整定结果，再次核对无误。

3. 回路安全措施

（1）直流回路。直流回路接地易造成中间继电器误出口，直流回路短路造成保护拒动。因此，工作中要使用带绝缘手柄的工具，严防直流接地或短路，不能用裸露的试验线或测试线，防止误碰金属导体部分。

（2）装置试验电流的接入。为防止运行 TA 回路开路运行，防止测试仪的交流电流倒送 TA，而且二次通电时，电流可能通入母差保护，可能误跳运行断路器。因此必须短接交流外侧电缆，打开交流电流连接片，在端子箱将相应端子用绝缘胶布实施密封。

（3）装置试验电压的接入。为防止交流电压短路，误跳运行设备、试验电压反送电。而且保护屏顶电压小母线带电，易发生电压反送电事故，引起人员触电。因此要断开交流二次电压引入回路，并用绝缘胶布对所拆线头实施绝缘包扎。

4. 其他危险点分析及控制

（1）投退保护压板及改动定值不做记录，容易造成误整定。因此，开工前要做好压板记录，工作结束时再一次核对压板和定值。

（2）试验中误发信号，易造成监控后台频繁报 SOE。因此要断开中央信号正电源、远动信号正电源、故障录波信号正电源；投入检修压板，记录各切换把手位置。

（3）无线通信设备易造成其他正在运行的保护设备不正确动作，因此不能在保护室内使用无线通信设备，尤其是严禁使用对讲机。

四、流程图

流程图如图 7-1 所示。

五、微机线路保护装置（1000kV PCS931）调试的实训检验

参见 DL/T 995—2016《继电保护和电网安全自动装置检验规程》。

（一）清扫、紧固、外部检查

清扫、紧固、外部检查见表 7-5。

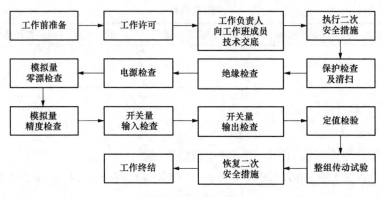

图 7-1 流程图

表 7-5 清扫、紧固、外部检查

检查项目	结果
检查装置内、外部无积尘、无异物；清扫电路板的灰尘	
检查各插件印刷电路板无损伤或变形，连线连接良好；各插件上变换器、继电器固定良好，无松动；各插件上元件焊接良好，芯片插紧	
检查各插件插入后接触良好，闭锁到位	
检查切换开关、按钮、键盘等操作灵活、手感良好	
检查保护屏端子螺栓紧固	
检查压板接线压接可靠，螺栓紧固	
检查保护装置的箱体或电磁屏蔽体与接地网可靠连接	
检查自动开关符合要求	
检查光纤、尾纤接口应牢固、无松动并且无明显受力，尾纤走向规范，曲率半径不小于 10cm，尾纤与装置接口应牢固、无松动并且无明显受力	

注 1. 检查装置内部时应采取相应防静电措施。

　　2. 已检查的项目在结果列标注"√"。

（二）逆变电源检查

逆变电源检查见表 7-6。

表 7-6 逆变电源检查

检查项目	结果
检查电源的自启动性能：要求在 80％额定电压下拉合直流电源，装置应可靠启动	

注 已检查的项目在结果列标注"√"。

（三）保护程序版本检查

版本检查见表 7-7。

表 7-7 版本检查

插件	版本号	CRC 校验码	形成日期	有效版本核对

（四）交流采样检验

1. 检验零漂

将保护装置电流回路断开、电压回路短接。

指标要求：在一段时间内（5min）零漂值稳定在 $0.01I_N$ 或 0.2V 以内。

结论：_____。

2. 检验电流电压采样精度

将所有电流通道相应的电流端子顺极性串联加稳定交流电流，将所有电压通道相应的电压端子同极性并联加稳定交流电压。

指标要求：检验 0.1、1、5 倍的额定电流和 0.1、0.5、1 倍的额定电压下的测量精度，通道采样值误差小于或等于 5%，在电压 1V 和电流 $0.1I_N$ 时，相角误差小于或等于 3°。

结论：_____。

（五）开关量输入检查

开关量输入检查见表 7-8。

表 7-8 开关量输入检查

开入量	液晶显示	开入量	液晶显示
投检修态		TWJA	
信号复归		TWJB	
投主保护		TWJC	
投闭重三跳		压力闭锁合闸	

注 1. 投退保护屏上相应开入压板、把手、按钮检查开入量变位。通过实际回路传动的方法检查外部设备触点开入量。

 2. "TWJA""TWJB""TWJC""压力闭锁重合"实际带开关检查。

（六）开关量输出检查

保护跳合闸出口、录波、监控信号等开出量可在保护传动时进行检查。联跳回路传动至压板。

检查结果：_____。

（七）整组功能及定值检验

保护通道置于"自环"状态，仅投入"主保护投运"压板。试验中仅靠外部硬压板投退保护。试验时必须接入零序电流。

1. 定值检查

定值检查见表 7-9。

表 7-9 　　　　　　　　　　**定值检查**

检验项目	结果
定值整定：根据现场实际情况设置系统参数，根据定值单整定保护定值并将打印定值与定值单逐项核对	
整定值失电保护功能检验：通过拉、合逆变电源开关的方法检验保护装置的整定值在直流电源失电后不会丢失或改变	

注　已检查的项目在结果列标注"√"。

2. 分相光纤纵差保护检验

将光端机的接收"RX"和发送"TX"用尾纤短接，构成自环方式。

投入纵联差动保护（硬压板、软压板、控制字）及重合闸功能，直至"充电"灯亮。

加故障电流 $I>1.5\times0.5\times I_{cdqd}$，模拟单相或多相区内故障。

装置面板上相应跳闸灯亮，液晶上显示"电流差动保护"，动作时间为 $10\sim25ms$。

加故障电流 $I>1.05\times0.5\times I_{cdqd}$，模拟单相或多相区内故障；装置面板上相应跳闸灯亮，液晶上显示"电流差动保护"，动作时间为 $40\sim60ms$；加故障电流 $I<0.95\times0.5\times I_{cdqd}$，装置应可靠不动作。

保护动作结果如表 7-10 所示。

表 7-10 　　　　　　　　　**分相光纤纵差保护检验**

外加电流（A） $I=0.5mI_{zd}$	保护动作结果					
	AN	BN	CN	AB	BC	CA
$m=1.5$ 时						
$m=1.05$ 时						
$m=0.95$ 时						

3. 相间距离保护

仅投相间距离控制字，分别模拟正方向相间瞬时性故障。

定值：$Z_{I}=$_____ Ω，$Z_{II}=$_____ Ω，$t_{II}=$_____ s，$Z_{III}=$_____ Ω，$t_{III}=$_____ s。保护动作结果见表 7-11。

187

表 7-11   相间距离保护检验

外加电流 (A)	外加电压 (V) $U_{zd}=2IX_{zd}$	灵敏角 $\varphi(°)$	保护动作结果 (ms)		
			AB	BC	CA
I_N	$1.05U_{zdI}=$				
	$0.95U_{zdI}=$				
	$0.7U_{zdI}=$				
	$1.05U_{zdII}=$				
	$0.95U_{zdII}=$				
	$0.7U_{zdII}=$				
	$1.05U_{zdIII}=$				
	$0.95U_{zdIII}=$				
	$0.7U_{zdIII}=$				
	$0.95U_{zdI}=$	反向			

注 在 0.95 倍定值时，相间距离 I 段保护应可靠动作；在 1.05 倍定值时，相间距离 I 段保护应可靠不动作；在 0.7 倍定值时，相间距离 I 段保护动作时间应小于 30ms。相间距离 II、III 段校验方法同上，时间定值误差应小于 5%。

4. 接地距离保护

仅投接地距离控制字，分别模拟正方向接地瞬时性故障。

定值：$Z_I=$_____ Ω，$Z_{II}=$_____ Ω，$t_{II}=$_____ s，$Z_{III}=$_____ Ω，$t_{III}=$_____ s。保护动作结果见表 7-12。

表 7-12   接地距离保护检验

外加电流 (A)	外加电压 (V) $U_{zd}=(1+k_X)IX_{zd}$	灵敏角 $\varphi(°)$	保护动作结果 (ms)		
			A0	B0	C0
I_N	$1.05U_{zdI}=$				
	$0.95U_{zdI}=$				
	$0.7U_{zdI}=$				
	$1.05U_{zdII}=$				
	$0.95U_{zdII}=$				
	$0.7U_{zdII}=$				
	$1.05U_{zdIII}=$				
	$0.95U_{zdIII}=$				
	$0.7U_{zdIII}=$				
	$0.95U_{zdI}=$	反向			

注 在 0.95 倍定值时，接地距离 I 段保护应可靠动作；在 1.05 倍定值时，接地距离 I 段保护应可靠不动作；在 0.7 倍定值时，接地距离 I 段保护动作时间应小于 30ms。接地距离 II、III 段校验方法同上，时间定值误差应小于 5%。

5. 零序电流

仅投零序电流控制字，分别模拟正方向接地瞬时性故障。

定值：$I_{02} = $ _____ A，$I_{03} = $ _____ A，$t_{02} = $ _____ s，$t_{03} = $ _____ s。保护动作结果见表 7-13。

表 7-13　　　　　　　　　　　　零序电流保护检验

外加电压（V）	外加电流（A）	灵敏角 $\varphi(°)$	保护动作结果（ms）		
			A0	B0	C0
	$1.05 I_{02zd} = $				
	$0.95 I_{02zd} = $				
	$1.2 I_{02zd} = $				
	$1.05 I_{03zd} = $				
	$0.95 I_{03zd} = $				
	$1.2 I_{03zd} = $				
	$1.2 I_{01zd} = $	反向			

注　零序过电流保护在 0.95 倍定值时，应可靠不动作；在 1.05 倍定值时，应可靠动作；在 1.2 倍定值时，测试保护的动作时间，误差应不大于 5%。

6. 工频变化量距离保护（选做）

仅投工频变化量距离保护控制字，将相间、接地各段距离控制字置 0。加故障电流 $I = 2I_N$，分别模拟 A、B、C 相单相接地瞬时性故障及 AB、BC、CA 相间瞬时性故障。保护动作结果见表 7-14。

表 7-14　　　　　　　　　　　　工频变化量距离保护

检验项目	保护动作结果（ms）					
	AN	BN	CN	AB	BC	CA
$m = 1.1$ 时保护动作情况						
$m = 0.9$ 时保护动作情况						
$m = 1.2$ 时保护动作情况						

注　工频变化量阻抗在 $m = 0.9$ 时应可靠不动作；在 $m = 1.1$ 时应可靠动作，装置面板上相应跳闸灯亮，液晶显示"工频变化量距离"；在 $m = 2$ 时测试动作时间小于 15ms。

7. 保护反方向出口故障性能检验

保护反方向出口故障性能检验见表 7-15。

特高压交流继电保护技术

表 7-15　　　　　　　　　　保护反方向出口故障性能检验

检验项目	保护动作情况
主保护	
后备保护	

注　分别模拟反向单相接地、相间和三相瞬时故障，主保护、距离Ⅰ、Ⅱ段保护应可靠不动作，
　　距离Ⅲ段偏移特性投入时保护应可靠动作。模拟单相反方向故障，方向零序过电流保护各段
　　应不动作。

8. TV 断线过电流保护

投入距离保护控制字，TV 断线过电流保护检验见表 7-16。

表 7-16　　　　　　　　　　TV 断线过电流保护检验

相别	$t(s)$			相别	$t(s)$		
	$0.95I_{optzd}$	$1.05I_{optzd}$	$1.2I_{optzd}$		$0.95I_{optzd}$	$1.05I_{optzd}$	$1.2I_{optzd}$
AN				AB			
BN				BC			
CN				CA			

注　1.05 倍定值时应可靠动作，0.95 倍定值时可靠不动作。1.2 倍定值下测量保护动作时间，误
　　差应不大于 5%。

9. 合闸于故障线路保护检验

合闸于故障线路保护检验如表 7-17 所示。

表 7-17　　　　　　　　　　合闸于故障线路保护检验

检验项目	保护动作情况
手合于故障逻辑检验	
重合于故障逻辑检验	

（八）整组传动

将断路器重合闸方式置"单重"，边断路器置"先重"，线路保护出口压
板全部投入，见表 7-18。

表 7-18　　　　　　　　　　整组传动

故障类别	边断路器	中间断路器	信号指示	结果
A 相瞬时	跳 A 相、先重合	跳 A 相、后重合	监控、信息子站	
B 相瞬时	跳 B 相、先重合	跳 B 相、后重合	监控、信息子站	
C 相永久	跳 C 相、重合、三跳	跳 C 相、三跳、不重合	监控、信息子站	

续表

故障类别	边断路器	中间断路器	信号指示	结果
AB 瞬时 （仅投线路保护Ⅰ）	仅第一组跳圈三跳、不重合		监控、信息子站	
三相故障 （仅投线路保护Ⅱ）	仅第二组跳圈三跳、不重合		监控、信息子站	
BC 瞬时反向	不动		监控、信息子站	
边断路器失灵 启动中间断路器	—	三跳	监控、信息子站	
中间断路器失灵 启动边断路器	三跳	—	监控、信息子站	
整组动作时间测量①	保护		—	
	重合		—	

注 1. 三重方式下参照执行。

2. 断路器失灵保护应断开启动远跳、跳母线及跳相邻运行开关出口压板，并测量出口压板电位。

3. 已检查的项目在结果列标注"√"。

①本试验是测量从模拟故障至断路器跳闸回路动作的保护整组动作时间，以及从模拟故障切除至断路器合闸回路动作的重合闸整组动作时间（A、B、C相分别测量）。

（九）带通道试验（选做）

仅投入主保护压板，本侧模拟区内故障。

（十）将装置、回路恢复至开工前状态

装置恢复见表 7-19。

表 7-19 装置恢复

检查内容	结果
校正保护装置时钟	
核对各开关量状态正确，自检报告应无保护装置异常信息	
核对各软压板状态正确	
检查高频通道处于正常工作状态	
核对定值存放于____区的保护定值与最新定值单一致	
检查出口压板对地电位正确	

注 已检查的项目在结果列标注"√"。

第二节　纵联距离与纵联零序保护的调试方法

一、范围

本节规定了微机线路保护装置（1000kV PCS902）调试的实训作业内容、检验要求和试验接线。

本节适用于国家电网有限公司新入职员工培训、专业技能培训的微机线路保护装置（1000kV PCS902）调试项目。

二、引用文件

GB/T 14285—2006《继电保护和安全自动装置技术规程》；

DL/T 995—2016《继电保护和电网安全自动装置检验规程》；

国家电网生〔2012〕352 号《国家电网公司十八项电网重点反事故措施（修订版）》。

三、调试前准备

（一）准备工作安排

准备工作安排如表 7-20 所示。

表 7-20　　　　　　　　准备工作安排

序号	内容	标准	结果
1	上课前，准备好操作所需仪器仪表、工器具、相关材料、相关图纸及相关技术资料	仪器仪表、工器具应试验合格，满足本次操作的要求，材料应齐全，图纸及资料应符合现场实际情况	
2	上课前确定现场工器具摆放位置	现场工器具摆放位置应确保现场操作安全、可靠	
3	根据本次工作内容和性质确定好操作学员，并组织学习本节内容	要求所有操作学员都明确本次操作的工作内容、工作标准及安全注意事项	

注　1. 已执行项打"√"；不执行项打"×"。

　　2. 需在序号栏中数字的左侧用"★"符号标识出关键工作项，执行时在结果栏中签字确认。

（二）人员要求

人员要求如表 7-21 所示。

表 7-21　　　　　　　　　　　　　　　人员要求

序号	内容	结果
1	参与操作的学员身体状况、精神状态良好	
2	需对其他学员进行安全措施、工作范围、安全注意事项等方面的教育	
3	所有学员必须具备必要的电气知识，基本掌握本专业工作技能及电力安全工作规程的相关知识	
4	所有学员必须了解熟悉保护装置的动作原理及调试流程	
5	对各工位的责任人进行明确分工，使工作人员明确各自的职责内容	

注　1. 已执行项打"√"；不执行项打"×"。
　　2. 需在序号栏中数字的左侧用"★"符号标识出关键工作项，执行时在结果栏中签字确认。

（三）备品备件

备品备件如表 7-22 所示。

表 7-22　　　　　　　　　　　　　　　备品备件

序号	名称	规格	单位	数量	结果
1					
2					
3					
4					

注　1. 已执行项打"√"；不执行项打"×"。
　　2. 需在序号栏中数字的左侧用"★"符号标识出关键工作项，执行时在结果栏中签字确认。

（四）工器具及材料

工器具及材料如表 7-23 所示。

表 7-23　　　　　　　　　　　　　　　工器具及材料

序号	名称	规格	单位	数量	结果
1	组合工具	Star	套	1	
2	电缆盘	带剩余电流动作保护器，220V/10A	只	1	
3	计算器	—	只	1	
4	绝缘电阻表	1000V/500V	只	1	
5	微机型继电保护测试仪	—	套	1	
6	试验线	—	套	1	
7	数字万用表	—	只	1	
8	模拟断路器箱	—	只	2	

注　1. 已执行项打"√"；不执行项打"×"。
　　2. 需在序号栏中数字的左侧用"★"符号标识出关键工作项，执行时在结果栏中签字确认。

（五）危险点分析及安全措施

1. 防止发生人身触电

（1）误入带电间隔。控制措施：工作前要熟悉工作地点、带电部位，检查现场安全围栏、安全警示牌、接地线等安全措施，不要疲劳作业。

（2）试验电源。控制措施：试验时要从专用的继电保护试验电源柜抽取，使用装有剩余电流动作保护器的电源盘；禁止从运行设备上拉取试验电源，防止交流混入直流系统影响保护等设备。拆（接）电源时至少有两人执行，一人操作，一人监护。必须在电源开关拉开的情况下进行。

（3）相关专业配合。控制措施：工作人员之间应相互配合，确保一、二次设备和二次回路上无人工作，传动试验必须得到值班员的许可和配合，绝缘检查结束后应对地放电。

2. 防止发生继电保护"三误"事故

继电保护三误事故是指误碰、误整定、误接线。防三误事故的安全技术措施如下：

（1）工作前应做好充分的准备工作，了解工作地点一次设备、二次设备的运行情况（本工作与运行设备有无直接联系）。熟悉本次工作的范围。

（2）工作人员明确分工并熟悉图纸与检验规程等有关资料。

（3）认真填写安全措施票，特别是针对复杂保护装置或有联跳回路的保护装置，如变压器保护、失灵保护、母线保护及相关联跳和启动回路，应由工作负责人认真填写，并经技术负责人审批。

（4）开工后首先执行安全措施票，每一项措施都要在执行栏做好标记；检验工作结束后，要按照安全措施票逐项恢复，每一项都要做好标记。

（5）接线工作要严格按照图纸进行，严禁以记忆作为工作的依据，防止记忆错误导致的相关严重后果。当图纸与现场实际接线不符时，应查线核对，需要改动时要履行审批检查程序。

（6）整定定值时要按照最新的整定值通知单执行，核对定值单与设备是否相符、一次设备及系统基础数据是否正常。整定完毕后要现场打印整定结果，再次核对无误。

3. 回路安全措施

（1）直流回路。直流回路接地易造成中间继电器误出口，直流回路短路造成保护拒动。因此，工作中要使用带绝缘手柄的工具，严防直流接地或短路，不能用裸露的试验线或测试线，防止误碰金属导体部分。

（2）装置试验电流的接入。为防止运行 TA 回路开路运行，防止测试仪的交流电流倒送 TA，而且二次通电时，电流可能通入母差保护，可能误跳运行断路器。因此必须短接交流外侧电缆，打开交流电流连接片，在端子箱将相应端子用绝缘胶布实施密封。

（3）装置试验电压的接入。为防止交流电压短路，误跳运行设备、试验电压反送电。而且保护屏顶电压小母线带电，易发生电压反送电事故，引起人员触电。因此要断开交流二次电压引入回路，并用绝缘胶布对所拆线头实施绝缘包扎。

4. 其他危险点分析及控制

（1）投退保护压板及改动定值不做记录，容易造成误整定。因此，开工前要做好压板记录，工作结束时再一次核对压板和定值。

（2）试验中误发信号，易造成监控后台频繁报 SOE。因此要断开中央信号正电源、远动信号正电源、故障录波信号正电源；投入检修压板，记录各切换把手位置。

（3）无线通信设备易造成其他正在运行的保护设备不正确动作，因此不能在保护室内使用无线通信设备，尤其是严禁使用对讲机。

四、流程图

流程图如图 7-2 所示。

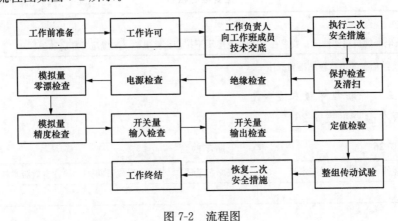

图 7-2　流程图

五、微机线路保护装置（1000kV PCS902）调试的实训检验

参见 DL/T 995—2016《继电保护和电网安全自动装置检验规程》。

（一）清扫、紧固、外部检查

清扫、紧固、外部检查见表 7-24。

表 7-24   清扫、紧固、外部检查

检查项目	结果
检查装置内、外部无积尘、无异物；清扫电路板的灰尘	
检查各插件印刷电路板无损伤或变形，连线连接良好；各插件上变换器、继电器固定良好，无松动；各插件上元件焊接良好，芯片插紧	
检查各插件插入后接触良好，闭锁到位	
检查切换开关、按钮、键盘等操作灵活、手感良好	
检查保护屏端子螺栓紧固	
检查压板接线压接可靠，螺栓紧固	
检查保护装置的箱体或电磁屏蔽体与接地网可靠连接	
检查自动开关符合要求	
检查光纤、尾纤接口应牢固、无松动并且无明显受力，尾纤走向规范，曲率半径不小于 10cm，尾纤与装置接口应牢固、无松动并且无明显受力	

注　1. 检查装置内部时应采取相应防静电措施。

　　2. 已检查的项目在结果列标注"√"。

（二）逆变电源检查

逆变电源检查见表 7-25。

表 7-25   逆变电源检查

检查项目	结果
检查电源的自启动性能：要求在 80% 额定电压下拉合直流电源，装置应可靠启动	

注　已检查的项目在结果列标注"√"。

（三）保护程序版本检查

版本检查见表 7-26。

表 7-26   版本检查

插件	版本号	CRC 校验码	形成日期	有效版本核对

（四）交流采样检验

1. 检验零漂

将保护装置电流回路断开、电压回路短接。

指标要求：在一段时间内（5min）零漂值稳定在 $0.01I_N$ 或 0.2V 以内。

结论：_____。

2. 检验电流电压采样精度

将所有电流通道相应的电流端子顺极性串联加稳定交流电流，将所有电压通道相应的电压端子同极性并联加稳定交流电压。

指标要求：检验 0.1、1、5 倍的额定电流和 0.1、0.5、1 倍的额定电压下的测量精度，通道采样值误差小于或等于 5%，在电压 1V 和电流 $0.1I_N$ 时，相角误差小于或等于 3°。

结论：_____。

（五）开关量输入检查

开关量输入检查见表 7-27。

表 7-27　　　　　　　　　　　　　　　　开关量输入检查

开入量	液晶显示	开入量	液晶显示
投检修态		TWJA	
信号复归		TWJB	
投主保护		TWJC	
投闭重三跳		压力闭锁合闸	

注　1. 投退保护屏上相应开入压板、把手、按钮检查开入量变位。通过实际回路传动的方法检查外部设备触点开入量。

　　2. "TWJA" "TWJB" "TWJC" "压力闭锁重合" 实际带开关检查。

（六）开关量输出检查

保护跳合闸出口、录波、监控信号等开出量可在保护传动时进行检查。联跳回路传动至压板。

检查结果：_____。

（七）整组功能及定值检验

保护通道置于"自环"状态。

1. 定值检查

定值检查见表 7-28。

表 7-28　　　　　　　　　　　　　　　　定值检查

检验项目	结果
定值整定：根据现场实际情况设置系统参数，根据定值单整定保护定值并将打印定值与定值单逐项核对	
整定值失电保护功能检验：通过拉、合逆变电源开关的方法检验保护装置的整定值在直流电源失电后不会丢失或改变	

注　已检查的项目在结果列标注"√"。

2. 纵联保护

(1) 纵联距离保护（PCS902）。投入纵联距离保护（硬压板、软压板、控制字）及重合闸功能。分别模拟 A 相、B 相和 C 相单相接地瞬时故障，AB相、BC 相和 CA 相瞬时故障。模拟前电压为额定电压，故障电压 $\Delta U > 2V$，故障电流为 $\Delta I > I_{qd}$，故障时间为 100～150ms，相角为 90°。

模拟单相接地故障时

$$u = m(1 + k_X)I_{XD} \tag{7-1}$$

模拟相间短路故障时

$$u = 2mI_{XD} \tag{7-2}$$

式中 m——系数，其值分别为 0.95、1.05；

　　　I_{XD}——对应电抗分量定值方向上的电流值；

　　　k_X——零序补偿系数电抗分量。

使用微机保护校验仪试验可直接用输入 XD、阻抗角、k_X、故障时间的方式进行。

整定值 XD＝_____Ω，φ＝_____°。

纵联距离保护检验见表 7-29。

表 7-29　　　　　　　　　　　纵联距离保护检验

检验项目	灵敏角 $\varphi(°)$	保护动作结果（ms）					
		AN	BN	CN	AB	BC	ABC
$m=1.05$ 时 保护动作情况							
$m=0.95$ 时 保护动作情况							
$m=0.7$ 时 保护动作情况				<30			

注　在 $m=0.95$ 时，应可靠动作；在 $m=1.05$ 时，应可靠不动作；在 $m=0.7$ 时，动作时间应不大于 30ms。

(2) 纵联零序方向保护（PCS902）。投入纵联零序方向保护（硬压板、软压板、控制字）及重合闸功能。分别模拟 A、B、C 相单相接地瞬时故障，一般情况下模拟故障电压取 $U=30V$，当模拟故障电流较小时可适当降低模拟故障电压数值。模拟故障时间为 100～150ms，相角为灵敏角。

模拟故障电流为

$$I = m \cdot 3I_0$$

式中　$3I_0$——方向零序电流整定值；

m——系数，其值分别为 0.95、1.05。

纵联零序保护在 0.95 倍定值（$m=0.95$）时，应可靠不动作；在 1.05 倍定值时应可靠动作。

整定值见表 7-30。

表 7-30 纵联零序保护检验

检验项目	灵敏角 $\varphi(°)$	保护动作结果（ms）		
		AN	BN	CN
$m=0.95$ 时保护动作情况				
$m=1.05$ 时保护动作情况				
$m=1.2$ 时保护动作情况		<30		

注 在 0.95 倍时，应可靠不动作；在 1.05 倍定值时，应可靠动作；在 1.5 倍定值时，动作时间不大于 30ms。

3. 相间距离保护

仅投相间距离控制字，分别模拟正方向相间瞬时性故障。

定值：$Z_{\mathrm{I}}=$_____ Ω，$Z_{\mathrm{II}}=$_____ Ω，$t_{\mathrm{II}}=$_____ s，$Z_{\mathrm{III}}=$_____ Ω，$t_{\mathrm{III}}=$_____ s。保护动作结果见表 7-31。

表 7-31 相间距离保护检验

外加电流（A）	外加电压（V）$U_{zd}=2IX_{zd}$	灵敏角 $\varphi(°)$	保护动作结果（ms）		
			AB	BC	CA
I_{N}					

注 在 0.95 倍定值时，相间距离 I 段保护应可靠动作；在 1.05 倍定值时，相间距离 I 段保护应可靠不动作；在 0.7 倍定值时，相间距离 I 段保护动作时间应小于 30ms。相间距离 II、III 段校验方法同上，时间定值误差应小于 5%。

4. 接地距离保护

仅投接地距离控制字，分别模拟正方向接地瞬时性故障。

定值：Z_I＝_____ Ω，Z_{II}＝_____ Ω，t_{II}＝_____ s，Z_{III}＝_____ Ω，t_{III}＝_____ s。保护动作结果见表 7-32。

表 7-32　　　　　　　　　接地距离保护检验

外加电流 (A)	外加电压（V）$U_{zd}=(1+k_X)IX_{zd}$	灵敏角 $\varphi(°)$	保护动作结果（ms）		
			A0	B0	C0
I_N					

注　在 0.95 倍定值时，接地距离Ⅰ段保护应可靠动作；在 1.05 倍定值时，接地距离Ⅰ段保护应可靠不动作；在 0.7 倍定值时，接地距离Ⅰ段保护动作时间应小于 30ms。接地距离Ⅱ、Ⅲ段校验方法同上，时间定值误差应小于 5%。

5. 零序电流

仅投零序电流控制字，分别模拟正方向接地瞬时性故障。

定值：I_{02}＝_____ A，I_{03}＝_____ A，t_{02}＝_____ s，t_{03}＝_____ s。保护动作结果见表 7-33。

表 7-33　　　　　　　　　零序电流保护检验

	外加电流（A）	灵敏角 $\varphi(°)$	保护动作结果（ms）		
			A0	B0	C0
外加电压（V）	$1.05I_{02zd}=$				
	$0.95I_{02zd}=$				
	$1.2I_{02zd}=$				
	$1.05I_{03zd}=$				
	$0.95I_{03zd}=$				
	$1.2I_{03zd}=$				
	$1.2I_{01zd}=$	反向			

注　零序过电流保护在 0.95 倍定值时，应可靠不动作；在 1.05 倍定值时，应可靠动作；在 1.2 倍定值时，测试保护的动作时间，误差应不大于 5%。

6. 工频变化量距离保护（选做）

仅投工频变化量距离保护控制字，将相间、接地各段距离控制字置 0。加故障电流 $I=2I_N$，分别模拟 A、B、C 相单相接地瞬时性故障及 AB、BC、CA 相间瞬时性故障。见表 7-34。

表 7-34 工频变化量距离保护

检验项目	保护动作结果（ms）					
	AN	BN	CN	AB	BC	CA
$m=1.1$ 时保护动作情况						
$m=0.9$ 时保护动作情况						
$m=1.2$ 时保护动作情况						

注 工频变化量阻抗在 $m=0.9$ 时应可靠不动作；在 $m=1.1$ 时应可靠动作，装置面板上相应跳闸灯亮，液晶显示"工频变化量距离"；在 $m=2$ 时测试动作时间小于 15ms。

7. 保护反方向出口故障性能检验

保护反方向出口故障性能检验见表 7-35。

表 7-35 保护反方向出口故障性能检验

检验项目	保护动作情况
主保护	
后备保护	

注 分别模拟反向单相接地、相间和三相瞬时故障，主保护、距离 I/II 段保护应可靠不动作，距离 III 段偏移特性投入时保护应可靠动作。模拟单相反向故障，方向零序过电流保护各段应不动作。

8. TV 断线过电流保护

投入距离保护控制字，TV 断线过电流保护检验见表 7-36。

表 7-36 TV 断线过电流保护检验

相别	$t(s)$			相别	$t=(s)$		
	$0.95I_{optzd}$	$1.05I_{optzd}$	$1.2I_{optzd}$		$0.95I_{optzd}$	$1.05I_{optzd}$	$1.2I_{optzd}$
AN				AB			
BN				BC			
CN				CA			

注 1.05 倍定值时应可靠动作，0.95 倍定值时可靠不动作。1.2 倍定值下测量保护动作时间，误差应不大于 5%。

9. 合闸于故障线路保护检验

保护动作情况如表 7-37 所示。

表 7-37 合闸于故障线路保护检验

检验项目	保护动作情况
手合于故障逻辑检验	
重合于故障逻辑检验	

（八）整组传动

将断路器重合闸方式置"单重"，边断路器置"先重"，线路保护出口压板全部投入。见表 7-38。

表 7-38 整组传动

故障类别	边断路器	中间断路器	信号指示	结果
A 相瞬时	跳 A 相、先重合	跳 A 相、后重合	监控、信息子站	
B 相瞬时	跳 B 相、先重合	跳 B 相、后重合	监控、信息子站	
C 相永久	跳 C 相、重合、三跳	跳 C 相、三跳、不重合	监控、信息子站	
AB 相瞬时 （仅投线路保护Ⅰ）	仅第一组跳圈三跳、不重合		监控、信息子站	
三相故障 （仅投线路保护Ⅱ）	仅第二组跳圈三跳、不重合		监控、信息子站	
BC 相瞬时反向	不动		监控、信息子站	
边断路器失灵 启动中间断路器	—	三跳	监控、信息子站	
中间断路器失灵 启动边断路器	三跳	—	监控、信息子站	
整组动作时间测量①	保护		—	
	重合		—	

注 1. 三重方式下参照执行。

2. 断路器失灵保护应断开启动远跳、跳母线及跳相邻运行开关出口压板，并测量出口压板电位。

3. 已检查的项目在结果列标注"√"。

① 本试验是测量从模拟故障至断路器跳闸回路动作的保护整组动作时间，以及从模拟故障切除至断路器合闸回路动作的重合闸整组动作时间（A、B、C 相分别测量）。

（九）带通道试验（选做）

仅投入主保护压板，本侧模拟区内故障。

（十）将装置、回路恢复至开工前状态

装置恢复见表 7-39。

表 7-39　　　　　　　　　　　　**装置恢复**

检查内容	结果
校正保护装置时钟	
核对各开关量状态正确，自检报告应无保护装置异常信息	
核对各软压板状态正确	
检查高频通道处于正常工作状态	
核对定值存放于____区的保护定值与最新定值单一致	
检查出口压板对地电位正确	

注　已检查的项目在结果列标注"√"。

第八章
特高压母线与断路器保护的调试方法

第一节　特高压母线保护的调试方法

一、准备工作

（1）编制作业指导书。

（2）准备图纸、资料和工器具。

（3）学习危险点分析及安全措施。

二、调试

（一）试验过程中应注意的事项

（1）断开直流电源后才允许插、拔插件，插、拔交流插件时应防止交流电流回路开路。

（2）打印机及每块插件应保持清洁，注意防尘。

（3）调试过程中发现有问题时，不要轻易更换芯片，应先查明原因，当证实确需更换芯片时，则必须更换经筛选合格的芯片，芯片插入的方向应正确，并保证接触可靠。

（4）试验人员接触、更换芯片时，应采用人体防静电接地措施，以确保不会因人体静电而损坏芯片。

（5）原则上在现场不能使用电烙铁，试验过程中如需使用电烙铁进行焊接时，应采用带接地线的电烙铁或电烙铁断电后再焊接。

（6）试验过程中，应注意不要将插件插错位置。

（7）因检验需要临时短接或断开的端子，应逐个记录，并在试验结束后及时恢复。

（8）使用交流电源的电子仪器（如示波器、毫秒计等）进行电路参数测量时，仪器外壳应与保护屏（柜）在同一点接地。

（二）通电前检查

（1）退出保护所有压板，断开所有空气断路器。

（2）检查装置内、外部无积尘、无异物；清扫电路板的灰尘。

（3）检查保护装置的硬件配置，各插件的位置、标注及接线应符合图纸要求。

（4）检查保护装置的元器件外观质量良好，所有插件应接触可靠，插件印刷电路板无机械损伤或变形，连线连接良好。

（5）检查各插件上变换器、继电器固定良好，无松动，各插件上元件焊接良好，芯片插紧，插件内跳线连接正确。

（6）检查各插件插入后接触良好，闭锁到位。

（7）检查切换开关、按钮、键盘等操作灵活、手感良好。

（8）检查保护屏端子螺栓紧固，压板接线压接可靠，螺栓紧固。

（9）检查配线无压接不紧、断线等现象。

（10）检查装置外部电缆接线与设计相符，满足运行要求。

（11）用万用表检查电源回路有否短路或断路。

（12）检查保护装置的箱体或电磁屏蔽体与接地网可靠连接。

（13）检查二次熔断器（空气断路器）符合要求。

（三）二次回路外部绝缘电阻测试

用 1000V 绝缘电阻表分别测量各回路对地的绝缘电阻，绝缘电阻要求大于 1MΩ。

（四）保护屏二次回路内部绝缘电阻测试

将保护装置的交流插件、出口插件及电源插件插入机箱，拔出其余插件；将打印机与微机保护装置断开；保护屏上各连片置"投入"位置。在保护屏端子排内侧分别短接交流电流和交流电压回路、保护直流回路、控制直流回路、信号回路的端子。

用 1000V 绝缘电阻表分别测量各组回路之间及各回路对地的绝缘电阻，绝缘电阻要求负荷规范。

（五）上电检查

通过试验仪缓慢提升电压，观察保护装置从未启动到启动的变化是否正常。升到额定电压后保持一段时间，再缓慢降低电压，观察保护从开机到关机的变化是否正常。

拉合保护直流，观察保护装置是否正常。

上电后，若装置的软件开始正常运行，此时装置指示灯"运行"点亮，可以简单判断各 CPU 板件和程序是否正常；液晶是否正常显示，若亮度异常，调节液晶对比度；主界面上 CPU 间通信指示符号是否正常闪烁；若第一次上电，进入"主菜单"→"时钟设置"，手动调整时钟；进入"装置信息"，校对版本信息和板卡信息是否符合要求并记录在检验报告上；检查装置的参数设置，若装置出厂缺省设置不符合现场要求，进行相应的设置。

（六）定值整定和修改功能检验

整定保护定值，经确认后，保护将退出运行，整定成功后，系统软件将自动复位，经自检正常，保护投入运行。

进入定值修改界面，选择"是"，按"确认"键后输入四位密码（"＋""◀""▲""－"）完成定值整定；选择"否"，按"确认"键后放弃保存并退出；选择"取消"，按"确认"键返回定值修改界面。

（七）开关量检查

1. 注意事项

4、5 号板卡为开入板，当配置为 NR1502D 时为弱电光耦（24V），配置为 NR1502A 时为强电光耦（220V 或 110V）。压板、把手、复归按钮的开入量通过实际操作检查，其他开入量可通过短接的方式检查。

检查过程中要注意防止直流短路或接地。

2. 开入检查

依次投入硬压板或点光耦开入方式完成试验，光耦导通开入为 1，断开后开入为 0。

操作菜单进入"主菜单"→"状态量"→"输入量"中查看。

3. 交流采样检查

（1）检验零漂。

不加入任何模拟量，查看装置电流电压的零漂值。

指标要求：在一段时间（5min）内零漂值稳定在 $0.01I_N$ 以内。

结论：_____。

（2）检验电流采样精度。

为防止查看模拟量过程中保护长期动作，应退出所有保护功能。

在各支路各相电压电流中加入额定电压、电流，查看装置采样；在各支路各相加入不平衡的电压、电流，查看装置采样。

指标要求：检验 0.1、1、5 倍的额定电流，通道采样值误差小于或等于 5%。

（3）保护功能调试。

试验前，应将相关保护投入运行。为试验方便，将各单元的 TA 变比整定一致。

1）母线区外故障。

将 1L、2L 两个单元同时串接 A 相（或 B 相或 C 相）电流，幅值为 I_N，方向相反，母线差动保护不应动作。

面板显示中：差电流应等于零。接线方式如图 8-1 所示。

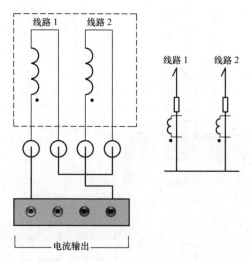

图 8-1 接线方式

2）母线区内故障。

a. 验证差动保护启动电流定值：任选母线上的一条支路，在这条支路 B 相加入电流，调节电流大小，0.95 倍的定值时不动作；大于差动保护启动电流定值时，母线差动保护应瞬时动作。1.05 倍的定值，母差保护可靠动作，并切除母线上的所有支路，该母线差动动作信号灯应亮。

b. 验证比率系数定值：任选母线上两条支路，在 C 相加入大小不同、方向相反的电流；固定其中一支路电流，调节另一支路电流大小，使母线差动动作；记录所加电流，验证差动比率系数（1.0）。

注：实验中，调节电流幅值变化至差动动作时间不要超过 9s，否则，报 TA 断线，闭锁差动。

实验中，不允许长时间加载 2 倍以上的额定电流。

接线方式如图 8-2 所示。

（4）失灵经母线保护跳闸试验。

任选母线上的电流两条支路，在两条支路中同时加入 A 相（或 B 相或 C 相）电流，电流的大小相等（1～10A），方向相反，模拟母线区外故障；选择上述两个支路中任一支路上，在机柜竖排端子上，将该支路的"失灵启动"输入端子与"开入回路公共端"端子短接；经内部固定延时 50ms，保护将切除母线上的所有支路；失灵动作信号灯亮。

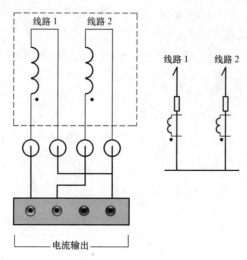

图 8-2　接线方式

注：试验过程中，应先加入试验电流，再合上失灵启动触点，或者两者同时满足，因为保护装置检测到失灵启动触点长期误开入（10s），会发"运行异常"告警信号，同时闭锁该支路的失灵开入。

（5）TA 断线及闭锁差动试验。

任选母线上的一条支路，在这条支路中加载 B 相电流，电流值大于 TA 断线闭锁定值，经 9s 延时，装置发出"TA 断线"信号。

调节电流大小，大于差动保护启动电流定值；母线差动保护不应动作。

（6）TA 告警试验。

任选母线上的一条支路，在这条支路中加载 C 相电流，电流值大于 TA 断线告警定值，小于 TA 断线闭锁定值及差动保护启动电流定值。

经 9s 延时，装置发出"TA 告警"信号。

调节电流，使其大于差动保护启动电流定值。

母线差动保护动作。

注：装置固有保护动作时间应检验正确。

（7）保护带开关传动试验。

恢复保护装置于正常运行状态，恢复屏后连接电缆（交流电流除外），投入所有出口及失灵启动压板。使用继电保护综合测试仪，模拟各种故障。

（8）母差保护出口试验。

分别将每个支路对应投入其出口压板，模拟该支路所在母线故障，保护应动作出口跳该支路开关。

（9）失灵保护出口试验。

　　将几条支路同时投至母线，短接某支路启动失灵开入端子，失灵出口保护应延时跳该支路及其所在母线上的所有支路。

第二节　特高压断路器保护的调试方法

一、概述

（一）范围

本检验方法适用于国家电网技术学院继电保护实训室工作人员进行 PCS-921G 断路器失灵保护及自动重合闸装置的现场检验。

（二）检验与调试的目的

检验 PCS-921G 断路器失灵保护及自动重合闸装置各插件元器件及整机质量，并进行整机调试，保证硬件及软件正确、可靠。

（三）注意事项

（1）试验前请仔细阅读本节内容。

（2）断开直流电源后才允许插、拔插件，插、拔交流插件时应防止交流电流回路开路。

（3）原则上在现场不能使用电烙铁，试验过程中如需使用电烙铁进行焊接时，应采用带接地线的电烙铁断电后再焊接。

（4）试验前应检查屏柜及装置在运输中是否有明显的损伤或螺栓松动，特别是 TA 回路的螺栓及连片。不允许有丝毫松动的情况。

（5）校对程序校验码及程序形成时间。

（6）打印机及每块插件应保持清洁，注意防尘。

（7）调试过程中发现有问题时，不要轻易更换芯片，应先查明原因，当证实确需更换芯片时，必须更换经筛选合格的芯片，芯片插入的方向应正确，并保证接触可靠。

（8）试验人员接触、更换芯片时，应采用人体防静电接地措施，以确保不会因人体静电而损坏芯片。

（9）试验过程中，应注意不要将插件插错位置。

（10）检验中特别要注意断开与本保护有联系的相关回路，如跳闸回路、失灵联跳回路等。因检验需要临时短接或断开的端子，应逐个记录，并在试验结束后及时恢复。

（11）使用交流电源的电子仪器进行电路参数测量时，仪器外壳应与保护屏（柜）在同一点可靠接地，以防止试验过程中损坏保护装置的元件。

（四）检验项目

（1）保护装置外观及相关部分检验。

（2）绝缘和耐压检验（仅在新装置投运时检验）。

（3）逆变电源的检验。

（4）保护装置的通电检验。

（5）打印机检验。

（6）整定时钟检验。

（7）软件版本和程序校验码的检验。

（8）定值输入、固化、输出及切换功能的检验。

（9）交流采样检验。

（10）开关量输入输出回路检验。

（11）保护功能试验。

（五）准备工作

学习 PCS-921G 断路器失灵保护及自动重合闸装置作业指导书。

工作准备：工器具、相关图纸及资料。

准备工作安排如表 8-1 所示。

表 8-1 　　　　　　　　　　　　准备工作安排

序号	内容	标准	结果	责任人	备注
1	检修工作前结合一次设备停电计划，提前做好检修摸底工作	摸底工作包括检查设备状况、反措计划的执行情况及设备的缺陷			
2	根据本次检验的项目，全体工作人员应认真学习作业指导书，熟悉作业内容、进度要求、作业标准、安全注意事项	要求所有工作人员都明确本次检验工作的作业内容、进度要求、作业标准及安全注意事项			
3	准备好所需仪器仪表、工器具、最新整定单、相关材料、备品备件、相关图纸及相关技术资料	仪器仪表、工器具、备品备件应试验合格，满足本次施工的要求，材料应齐全，图纸及资料应符合现场实际情况			
4	工作票、继电保护现场安全措施票	见附录 C			

注　已完成的项目在结果列标注"√"。

检验工器具、材料表如表 8-2 所示。

表 8-2 检验工器具、材料表

（一）检验工器具

序号	名称	规格/编号	单位	数量	结果	备注
1	测试仪		台	1		
2	万用表		个	1		
3	螺钉旋具		把	1		
4	插针		个	若干		
5	导线		一	若干		

（二）材料表

序号	名称	规格	单位	数量	结果	备注
1	绝缘胶布		盘			
2	手套		副			

（三）图纸资料

序号	名称	结果	备注
1	装置说明书		
2	定值通知单		
3	屏图		
4	作业指导书		

注 已完成的项目在结果列标注"√"。

危险点分析及安全控制措施如表 8-3 所示。

表 8-3 危险点分析及安全控制措施

序号	内容	结果
1	拆动二次接线如拆端子外侧接线，可能造成二次交、直流电压回路短路、接地，联跳回路误跳运行设备	
2	漏拆联跳接线或漏取压板，易造成误跳运行设备	
3	现场安全技术措施及图纸如有错误，可能造成做安全技术措施时误跳运行设备	
4	试验仪接线时，防止低压触电	
5	频繁插拔插件，易造成插件接插头松动；带电插拔插件，易造成集成块损坏	
6	保护室内使用无线通信设备，易造成保护不正确动作	
7	保护传动配合不当，易造成人员受伤及设备事故	
8	表计量程选择不当或用低内阻电压表测量联跳回路，易造成误跳运行设备	
9	拆动二次回路接线时，易发生遗漏及误恢复事故	
10	电流回路开路或失去接地点，易引起人员伤亡及设备损坏	
11	现场恢复时，容易出现 TA 连片忘记恢复，造成 TA 二次开路	
12	电压回路短路或失去接地点，易引起人员伤亡、设备损坏	
13	现场恢复时，容易出现 TV 连片忘记恢复，造成装置失压	

注 已完成的项目在结果列标注"√"。

二、检验方法

（一）装置型号及参数

装置型号及参数如表 8-4 所示。

表 8-4 装置型号及参数

序号	项目	主要技术参数
1	装置型号	
2	保护调度规范命名	
3	屏内主要配置	［写明主要装置如打印机、辅助继电器（用途）等（新安装）］
4	直流工作电源	（应符合现场实际）
5	交流额定电流	（应符合现场实际）
6	交流额定电压	（应符合现场实际）
7	额定频率	（应符合现场实际）
8	出厂序列号及出厂日期	
9	生产厂家	

（二）电流、电压互感器的检验

电流、电压互感器的检验如表 8-5 所示。

表 8-5 电流、电压互感器的检验

序号	项目	检查结果
1	电流互感器变比使用容量准确级绕组组别	
2	电压互感器变比使用容量准确级绕组组别	
3	检查本保护电流、电压互感器所用绕组的极性、安装位置的正确性	

（三）二次回路及外观检查

1. 交流电流、电压二次回路

交流电流、电压二次回路检查结果如表 8-6 所示。

表 8-6 交流电流、电压二次回路

序号	项目	检查结果
1	检查电流、电压互感器二次绕组所有二次接线的正确性，并与设计图纸相符，以及端子排引线螺栓压接的可靠性	
2	检查二次电缆标识及电缆芯的标示正确性，并与设计图纸相符	
3	画出本 TA 绕组，从端子箱到电流回路收尾的电流二次回路示意图、电压示意图	

序号	项目	检查结果
4	画出本 TV 绕组，从端子箱并联到本保护和其他用途的电压二次回路示意图	
5	TV 二次回路一点（N600）接地核查，一点接地点位置	
6	TA 二次回路一点接地核查，一点接地点位置	
7	TV 二次回路空气断路器及其级配检查	
8	新安装检验时要从 TV 二次就地端子箱通入额定电压，检查保护装置的电压值，要求压降不应超过额定电压的 3%	

2. 其他二次回路

其他二次回路检查结果如表 8-7 所示。

表 8-7 　　　　　　　　　　其他二次回路

序号	项目	检查结果
1	对回路的所有部件进行观察、清扫与必要的检修及调整。所述部件：与装置有关的操作把手、按钮、插头、灯座、位置指示继电器、中央信号装置及这些部件中端子排、电缆、熔断器等	
2	利用导通法依次经过所有中间接线端子（端子排），检查保护屏、操作屏、故障录波屏等相关各屏，以及到断路器、隔离开关、TA、TV 等户外端子箱的二次接线正确性，并检查电缆回路、电缆标牌及电缆芯的标示与设计图纸相符，其中端子排安装位置正确，质量良好，数量与图纸相符	
3	检查保护屏中的设备及端子排上内部、外部连线的接线正确，接触牢靠，标号完整准确，并与设计图纸、运行规程相符	
4	所有二次电缆的连接与图纸相符，施工工艺良好，端子排引线螺栓压接可靠，导线绝缘无裸露现象；装置后板配线连接紧固良好，插件螺钉紧固良好	
5	核对自动空气小断路器（或熔断器）的额定电流与设计相符或与所接入的负荷相适应，并满足上下级之间级配要求	
6	检查保护及操作直流电源的对应性及独立性，检验直流回路确实没有寄生回路存在。检验时应根据回路设计的具体情况，用分别断开回路的一些可能在运行中断开的设备及使回路中某些触点闭合的方法来检验	
7	核查保护装置接地线及保护屏柜接地铜排，应接地网连接可靠正确	
8	全检与部检时进行外观检查、清灰紧螺栓、插件检查，以及继电器接触可靠、锈蚀端子更换、模糊端子套牌更换工作	

3. 保护装置外部检查

保护装置外部检查如表 8-8 所示。

表 8-8   保护装置外部检查

序号	项目	检查结果
1	保护盘固定良好，无明显变形及损坏现象，各部件安装端正牢固	
2	切换开关、按钮、键盘等操作灵活、手感良好	
3	所有单元、端子排、导线接头、电缆及其接头、信号指示等有明确的标示，标示的字迹清晰无误	
4	保护屏上的连片（压板）应有双重标示，与设计图纸、运行规程相符，连片安装符合反措要求	
5	各插件插、拔灵活，各插件和插座之间定位良好，插入深度合适	
6	各插件上元器件的外观质量、焊接质量良好，所有芯片插紧，型号正确，芯片放置位置正确	
7	插件印刷电路板是否有损伤或变形，连线是否良好	
8	各插件上变换器、继电器固定良好，没有松动	
9	装置插件内的选择跳线和拨动开关位置正确	
10	检查装置内、外部清洁无积尘，各部件清洁良好	

（四）绝缘试验

二次回路绝缘检查如表 8-9 所示。

表 8-9   二次回路绝缘检查

序号	项目	绝缘电阻（MΩ）
1	交流电压回路对地	
2	交流电流回路对地	
3	直流控制回路对地	
4	直流保护回路对地	
5	直流信号回路对地	
6	交流电压与交流电流回路之间	
7	交流电压与直流各回路之间	
8	交流电流回路与直流各回路之间	
9	直流各回路之间	
10	跳、合闸回路各触点之间	
11	对 TV 二次回路中金属氧化物避雷器工作检查：1000V 绝缘电阻表不应击穿，2500V 绝缘电阻表应击穿	
12	结论	
要求	①各回路（除信号回路）对地绝缘电阻应大于 10MΩ；②信号回路对地绝缘电阻应大于 1MΩ；③所有回路对地绝缘电阻应大于 1MΩ；④采用 1000V 绝缘电阻表；⑤对于弱电源的信号回路，宜用 500V 绝缘电阻表	

装置二次回路绝缘检查如表 8-10 所示。

表 8-10　　　　　　　　　　　装置二次回路绝缘检查

序号	项目	绝缘电阻（MΩ）
1	交流电压回路端子对地	
2	交流电流回路端子对地	
3	直流电源回路端子对地	
4	跳、合闸回路端子对地	
5	开关量输入回路端子对地	
6	厂站自动化系统接口回路端子对地	
7	信号回路端子对地	
8	结论	
要求	①各回路对地绝缘电阻应大于 20MΩ；②采用 500V 绝缘电阻表	
条件	仅在新安装检验时进行装置绝缘试验；按照装置说明书的要求拔出相关插件；断开与其他保护的弱电联系回路；将打印机与装置连接断开；装置内所有互感器的屏蔽层应可靠接地	

（五）装置上电检查

保护装置通电自检如表 8-11 所示。

表 8-11　　　　　　　　　　　保护装置通电自检

序号	项目	检查结果
1	保护装置通电后，装置运行灯亮，液晶显示清晰正常、文字清楚	
2	打印机与保护装置的联机试验，能正常打印各类报告和定值	

软件版本和程序校验码核查如表 8-12 所示。

表 8-12　　　　　　　　　软件版本和程序校验码核查

序号	项目	版本号	程序校验码	程序形成时间	管理序号
1					
2					

时钟整定及对时功能检查如表 8-13 所示。

表 8-13　　　　　　　　　时钟整定及对时功能检查

序号	项目	检查结果
1	时钟时间能进行正常修改和设定	
2	时钟整定好后，通过断、合逆变电源的方法，检验在直流失电一段时间的情况下，走时仍准确	
3	GPS 对时功能检查，改变保护装置的秒时间，检查 GPS 对时功能	

注　断、合逆变电源至少有 5min 时间的间隔。

定值整定及其失电保护功能检查如表 8-14 所示。

表 8-14　　　　　　　　　定值整定及其失电保护功能检查

序号	项目	检查结果
1	保护定值能进行正常修改和整定	
2	定值整定好后，通过断、合逆变电源的方法，检验在直流失电一段时间的情况下，整定值不发生变化	

注　断、合逆变电源至少有 5min 时间的间隔。

（六）装置逆变电源检验

逆变电源的自启动性能校验如表 8-15 所示。

表 8-15　　　　　　逆变电源的自启动性能校验（负载状态下）

序号	项目	检查结果
1	直流电源缓慢升至 $80\%U_e$	装置自启动正常，保护无异常信号（　）
2	$80\%U_e$ 拉合直流电源	保护装置无异常信号（　）
结论		

在全检时逆变电源更换及检查如表 8-16 所示。

表 8-16　　　　　　　在全检时逆变电源更换及检查

序号	项目	检查结果
1	应检查逆变电源不超过 6 年期限	逆变电源的使用年限满足要求（　）
结论		
备注	结合保护装置全检试验，更换超期的逆变电源	

（七）装置开入量检验

装置能正确显示当前状态。进入"装置状态"→"开关量状态"菜单查看各个开入量状态，投退各个功能压板和开入量，观察对应开入位由"0"变为"1"，由"1"变为"0"。

装置开入量检验如表 8-17 所示。

表 8-17　　　　　　　　　装置开入量检验

开入位	开入量名称	装置端子号	开入位	开入量名称	装置端子号
开入 1	充电保护过电流		开入 5	B 相跳闸开入	
开入 2	闭锁重合闸开入		开入 6	C 相跳闸开入	
开入 3	保护三跳开入		开入 7	A 相跳闸位置	
开入 4	A 相跳闸开入		开入 8	B 相跳闸位置	

开入位	开入量名称	装置端子号	开入位	开入量名称	装置端子号
开入9	C相跳闸位置		开入14	停用重合闸软压板	
开入10	低气压闭锁重合闸		开入15	对时开入	
开入11	投检修态		开入16	打印	
开入12	远控投入		开入17	信号复归	
开入13	充电过电流保护软压板				

（八）装置开出量检验

注意：开出传动前投入检修压板，否则报"传动错误"。

进入主菜单后选"调试"→"开出传动"，并输入操作密码进入，观察面板信号，测量各开出触点，按复归按钮，复归面板上的信号，同时，上述开出检验时接通的触点应返回，同样需进行检查。

装置开出量检验如表 8-18 所示。

表 8-18 　　　　　　　　　　　装置开出量检验

出口通道号	开出名称	相应装置端子或指示灯	出口通道号	开出名称	相应端子或指示灯
1	沟三出口		5	重合出口	
2	A相跳闸出口		6	失灵出口	
3	B相跳闸出口		7	加速出口	
4	C相跳闸出口				

（九）装置模数变换系统检验

1. 零漂检查

在端子排上短接电压回路及断开电流回路，进入"装置状态"→"模拟量状态"→"保护测量"和"启动测量"菜单，查看电压电流零漂值。

零漂检查如表 8-19 所示。

表 8-19 　　　　　　　　　　　零漂检查

项目		U_a	U_b	U_c	U_m	I_a	I_b	I_c	I_0
液晶显示值	保护测量								
	启动测量				—				
结论									
零漂允许范围		\multicolumn{4}{}{$-0.05V<U<0.05V$}		$-0.01I_N<I<0.01I_N$			

217

2. 采样精度试验

在装置端子排加入额定交流电压、电流，进入"装置状态"→"模拟量状态"→"保护测量""启动测量"和"相角测量"菜单，查看装置显示的采样值，显示值与实测的误差应不大于5%。

采样精度试验如表8-20所示。

表8-20　　　　　　　　　　　采样精度试验

试验电压/试验电流		1V/0.1I_N 液晶显示 (A/V/°)	5V/0.2I_N 液晶显示 (A/V/°)	30V/I_N 液晶显示 (A/V/°)	60V/2I_N 液晶显示 (A/V/°)	70V 液晶显示 (A/V/°)
保护测量	保护电流 A 相					
	保护电流 B 相					
	保护电流 C 相					
	保护零序电流					
	保护电压 A 相					
	保护电压 B 相					
	保护电压 C 相					
	保护零序电压					
	Ang(U_a-U_b)					
	Ang(U_b-U_c)					
	Ang(U_c-U_a)					
	Ang(U_x-U_a)					
	Ang(U_a-I_a)					
	Ang(U_b-I_b)					
	Ang(U_c-I_c)					
启动测量	启动电流 A 相					
	启动电流 B 相					
	启动电流 C 相					
	启动零序电流					
	启动电压 A 相					
	启动电压 B 相					
	启动电压 C 相					
结论						
允许误差	液晶显示值与外部表计值的误差应不超过±5%，液晶显示值与外部表计值的误差应不超过±3°					

218

3. 整组功能及定值检查

（1）定值正确性检查。装置和打印机的连线连好，按"退出"→"进入主菜单"→"打印"→"保护定值"。

（2）跟跳逻辑检查。将定值控制字"投跟跳本开关"置1，退出其他保护。

整定值：失灵保护相电流定值＝＿＿＿＿＿ A。

单相跟跳如表 8-21 所示。

表 8-21　　　　　　　　　　单相跟跳

序号	项目	故障相别	故障报告	信号显示	动作时间（ms）
1	$m=1.05$ 时 $I=$＿＿ A	A			
		B			
		C			
2	$m=0.95$ 时 $I=$＿＿ A	A			
		B			
		C			
3	$m=1.2$ 时 $I=$＿＿＿ A	A			
		B			
		C			
4	结论				
5	测试方法	①故障电流 $I=m×$失灵保护相电流定值；②故障瞬间同时模拟单相跳闸信号输入；③$m=1.2$ 时，测量动作时间			

两相跳闸跟跳三相如表 8-22 所示。

表 8-22　　　　　　　　　　两相跳闸跟跳三相

序号	项目	故障相别	故障报告	信号显示	动作时间（ms）
1	$m=1.05$ 时 $I=$＿＿＿ A	AB			
		BC			
		CA			
2	$m=0.95$ 时 $I=$＿＿＿ A	AB			
		BC			
		CA			
3	$m=1.2$ 时 $I=$＿＿＿ A	AB			
		BC			
		CA			
4	结论				
5	测试方法	①故障电流 $I=m×$失灵保护相电流定值；②故障瞬间同时模拟两相跳闸信号输入；③$m=1.2$ 时，测量动作时间			

三相跟跳如表 8-23 所示。

表 8-23 　　　　　　　　　　　　　　　　　　　三相跟跳

序号	项目	相别	故障报告	信号显示	动作时间（ms）
1	$m=1.05$ 时 $I=$ _____ A				
2	$m=0.95$ 时 $I=$ _____ A				
3	$m=1.2$ 时 $I=$ _____ A				
4	结论				
5	测试方法	①故障电流 $I=m\times$失灵保护相电流定值；②故障瞬间同时模拟三相（或三个单相）跳闸信号输入；③$m=1.2$ 时，测量动作时间			

4. 失灵保护

定值控制字"失灵保护"置 1，退出其他保护。把失灵保护零序电流和失灵保护负序电流定值整定成最小值。

整定值：失灵保护相电流定值＝_____ A，失灵三跳本断路器时间＝_____ s，失灵跳相邻断路器时间＝_____ s，见表 8-24。

表 8-24 　　　　　　　　　　　　　　　　　失灵保护相电流测试

序号	项目	故障相别	故障报告	信号显示	跳本开关/相邻开关动作时间（ms）
1	$m=1.05$ 时 $I=$ _____ A	A			
		B			
		C			
2	$m=0.95$ 时 $I=$ _____ A	A			
		B			
		C			
3	$m=1.2$ 时 $I=$ _____ A	A			
		B			
		C			
4	结论				
5	测试方法	①故障电流 $I=m\times$失灵相电流定值；②故障瞬间同时单相跳闸信号输入；③$m=1.2$ 时，测量动作时间			

定值控制字"投失灵保护"置 1，退出其他保护。将失灵保护负序电流整

定成最大值。

整定值：失灵保护零序电流定值＝_____ A，失灵三跳本断路器时间＝_____ s，失灵跳相邻断路器时间＝_____ s，见表 8-25。

表 8-25　　　　　　　　　　　失灵保护零序电流测试

序号	项目	故障相别	故障报告	信号显示	跳本开关/相邻开关动作时间（ms）
1	$m=1.05$ 时 $I=$_____ A	A			
		B			
		C			
2	$m=0.95$ 时 $I=$_____ A	A			
		B			
		C			
3	$m=1.2$ 时 $I=$_____ A	A			
		B			
		C			
4	结论				
5	测试方法	①故障电流 $I=m×$失灵保护零序电流定值；②故障瞬间模拟给上保护三跳输入触点或三相跳闸触点；③$m=1.2$ 时，测量动作时间			

定值控制字"投失灵保护"置 1，退出其他保护。失灵保护零序电流整定成最大值。

整定值：失灵保护负序电流定值＝_____ A，失灵三跳本断路器时间＝_____ s，失灵跳相邻断路器时间＝_____ s，见表 8-26。

表 8-26　　　　　　　　　　　失灵保护负序电流测试

序号	项目	故障相别	故障报告	信号显示	跳本开关/相邻开关动作时间（ms）
1	$m=1.05$ 时 $I=$_____ A	A			
		B			
		C			
2	$m=0.95$ 时 $I=$_____ A	A			
		B			
		C			

续表

序号	项目	故障相别	故障报告	信号显示	跳本开关/相邻开关动作时间（ms）
3	$m=1.2$ 时 $I=$_____ A	A			
		B			
		C			
4	结论				
5	测试方法	①故障电流 $I=m\times$失灵保护相电流定值；②故障瞬间模拟保护三跳输入触点或三相跳闸触点；③$m=1.2$ 时，测量动作时间			

定值控制字"投失灵保护""三跳经低功率因数"置 1，失灵保护零序和负序电流整定成最大值。

整定值：低功率因数角＝_____°，见表 8-27。

表 8-27　　　　　　　　失灵保护低功率因数角测试

序号	电压超前电流的角度	信号显示	跳本开关/相邻开关动作时间（ms）
1			
2			
3	结论		
4	测试方法	①加 50V 对称电压、1A 的对称电流，电压超前电流的角度＝低功率因数角定值＋2°（−2°）（注意：角度差应小于 90°）；②故障瞬间模拟保护三跳输入触点或三相跳闸触点	

定值控制字"断路器失灵保护""三跳失灵高定值"置 1。

整定值：三跳失灵高电流定值＝_____ A，见表 8-28。

表 8-28　　　　　　　　三跳失灵高电流定值测试

序号	项目	故障相别	故障报告	信号显示	跳本开关/相邻开关动作时间（ms）
1	$m=1.05$ 时 $I=$_____ A	A			
		B			
		C			
2	$m=0.95$ 时 $I=$_____ A	A			
		B			
		C			

续表

序号	项目	故障相别	故障报告	信号显示	跳本开关/相邻开关动作时间（ms）
3	$m=1.2$ 时 $I=$_____ A	A			
		B			
		C			
4	结论				
5	测试方法	①故障电流 $I=m\times$三跳失灵高电流定值；②故障瞬间模拟保护三跳输入触点或三相跳闸触点；③$m=1.2$ 时，测量动作时间			

5. 死区保护

定值控制字"投死区保护"置1，退出其他保护。

整定值：死区保护时间＝_____ s（电流定值为失灵保护相电流定值＝_____ A），见表8-29。

表 8-29 死区保护

序号	项目	相别	故障报告	信号显示	动作时间（ms）
1	$m=1.05$ 时 $I=$_____ A				
2	$m=0.95$ 时 $I=$_____ A				
3	$m=1.2$ 时 $I=$_____ A				
4	结论				
5	测试方法	①故障电流 $I=m\times$死区保护过电流定值；②故障瞬间模拟外部三相跳闸触点与三相跳闸位置 $TWJA=TWJB=TWJC=1$；③$m=1.2$ 时，测量动作时间			

6. 充电过电流保护

投充电保护压板；定值控制字"充电过电流保护Ⅰ段"置1，退出其他保护。

整定值：充电过电流Ⅰ段电流定值＝_____ A，充电过电流Ⅰ段时间＝

223

_____ s，见表 8-30。

表 8-30   **充电过电流保护Ⅰ段测试**

序号	项目	相别	故障报告	信号显示	动作时间（ms）
1	$m=1.05$ 时 $I=$_____ A	A			
		B			
		C			
2	$m=0.95$ 时 $I=$_____ A	A			
		B			
		C			
3	$m=1.2$ 时 $I=$_____ A	A			
		B			
		C			
4	结论				
5	测试方法	故障电流 $I=m\times$充电过电流Ⅰ段电流定值；$m=1.2$ 时，测量动作时间			

定值控制字"充电过电流保护Ⅱ段"置 1，退出其他保护。

整定值：充电过电流Ⅱ段电流定值＝_____ A，充电过电流Ⅱ段时间＝
_____ s，见表 8-31。

表 8-31   **充电过电流保护Ⅱ段测试**

序号	项目	相别	故障报告	信号显示	动作时间（ms）
1	$m=1.05$ 时 $I=$_____ A	A			
		B			
		C			
2	$m=0.95$ 时 $I=$_____ A	A			
		B			
		C			
3	$m=1.2$ 时 $I=$_____ A	A			
		B			
		C			
4	结论				
5	测试方法	故障电流 $I=m\times$充电过电流Ⅱ段电流定值；$m=1.2$ 时，测量动作时间			

定值控制字"充电零序保护"置 1，退出其他保护。

整定值：充电零序过电流电流定值＝_____ A，见表 8-32。

表 8-32　　　　　　　　　　　　充电零序过电流保护测试

序号	项目	相别	故障报告	信号显示	动作时间（ms）
1	$m=1.05$ 时 $I=$_____ A	A			
		B			
		C			
2	$m=0.95$ 时 $I=$_____ A	A			
		B			
		C			
3	$m=1.2$ 时 $I=$_____ A	A			
		B			
		C			
4	结论				
5	测试方法	故障电流 $I=m×$充电零序过电流电流定值；$m=1.2$ 时，测量动作时间			

7. 自动重合闸功能试验（分别做保护启动和不对应启动）

自动重合闸功能试验如表 8-33 所示。

表 8-33　　　　　　　　　　　　自动重合闸功能试验

序号	相别	整定值	动作时间（ms）
1	A	单相重合闸时间：_____ s	
2	B		
3	C		
4		三相重合闸时间：_____ s	

（十）逻辑检查

逻辑检查如表 8-34 所示。

表 8-34　　　　　　　　　　　　逻辑检查

序号	项目	检查结果
1	保护跳闸启动失灵逻辑	
2	保护启动重合闸逻辑	
3	不对应启动重合闸逻辑	
4	闭锁重合闸逻辑	
5	沟通三跳逻辑	

（十一）与厂站自动化系统（综自系统）配合检验

对于与厂站自动化系统（综自系统）的配合检验，应检查继电保护的动作信息和告警的回路正确性及名称的正确性。新安装检验及首检时，要逐一进行硬触点信号和软报文核对；全检及部检时，可结合整组传动一并检查。

1. 硬触点报文检查

硬触点报文检查如表 8-35 所示。

表 8-35 硬触点报文检查

序号	回路号	功能名称	测试端子	综自光字牌信号	检查结果
1					
2					
3					

2. 软报文核对检查

软报文核对检查如表 8-36 所示。

表 8-36 软报文核对检查

序号	项目	检查结果
1	检查保护的动作信息和告警信息，以及名称的正确性	
结论		

3. 与故障录波装置及继电保护故障信息系统配合检查

与故障录波装置配合检查如表 8-37 所示。

表 8-37 与故障录波装置配合检查

序号	回路号	功能名称	测试端子	故障录波信号	检查结果
1					
2					
3					
结论					

对于继电保护及故障信息管理系统，检查各种继电保护的动作信息和告警信息、保护状态信息、录波信息及定值信息的传输正确性。

与继电保护故障信息系统配合检查如表 8-38 所示。

表 8-38 与继电保护故障信息系统配合检查

序号	项目	检查结果
1	继电保护动作信息核对	
2	继电保护告警信息核对	
3	继电保护状态信息核对	

序号	项目	检查结果
4	继电保护录波信息核对	
5	压板状态及对应性检查	
6	定值传输正确性核对	

（十二）结 论

附录 A

PCS-978GC 微机主变压器保护装置相量检查报告

1. 主变压器潮流情况

高压侧边开关：有功 $P=$ _____ MW，无功 $Q=$ _____ Mvar，负荷角 $\theta=\arctan(Q/P)=$ _____ °；

高压侧中开关：有功 $P=$ _____ MW，无功 $Q=$ _____ Mvar，负荷角 $\theta=\arctan(Q/P)=$ _____ °；

中压侧：有功 $P=$ _____ MW，无功 $Q=$ _____ Mvar，负荷角 $\theta=\arctan(Q/P)=$ _____ °；

低压侧：有功 $P=$ _____ MW，无功 $Q=$ _____ Mvar，负荷角 $\theta=\arctan(Q/P)=$ _____ °。

低压侧套管：有功 $P=$ _____ MW，无功 $Q=$ _____ Mvar，负荷角 $\theta=\arctan(Q/P)=$ _____ °；

公共绕组：有功 $P=$ _____ MW，无功 $Q=$ _____ Mvar，负荷角 $\theta=\arctan(Q/P)=$ _____ °。

2. 记录电压、电流值及其相位

以高压侧 A 相电压 U_a 为基准测量相量。

电压、电流值及其相位记录在表 A1。

表 A1　　　　　　　　　　电压、电流值及其相位

回路	A 相 (有效值/相位)	B 相 (有效值/相位)	C 相 (有效值/相位)	TA 回路 中性线电流	零序量 ($3U_0/3I_0$)	相序 检查
高压侧电流 (边开关)						
高压侧电流 (中开关)						

续表

回路	A 相 (有效值/相位)	B 相 (有效值/相位)	C 相 (有效值/相位)	TA 回路 中性线电流	零序量 ($3U_0/3I_0$)	相序 检查
中压侧电流						
低压侧电流						
低压侧套管电流						
公共绕组电流						
差电流				/	/	/
高压侧电压						
中压侧电压						
低压侧电压						
高压侧零序电流				/	/	/
高压侧间隙 零序电流				/	/	/
中压侧零序电流				/	/	/
中压侧间隙 零序电流				/	/	/
制动电流						
高压侧负序电流						
中压侧负序电流						
低压侧负序电流				/	/	/

注　除测定相回路和差回路外，还必须测量各中性线的不平衡电流、电压，以保证装置和二次回路接线的正确性。

3. 结论

相量检查结果：_____(合格、不合格)，结果记录见表 A2。

表 A2　　　　　　　　　　　**整组传动**

保护	故障类型	断路器	信号指示及触点输出	结果
差动	任选故障	三侧跳闸	保护动作、开关跳闸、失灵启动触点	
高后备	任选故障	根据控制字要求跳开关	保护动作、开关跳闸、 失灵启动触点、联跳触点	

续表

保护	故障类型	断路器	信号指示及触点输出	结果
中后备	任选故障	根据控制字要求跳开关	保护动作、开关跳闸、 失灵启动触点、联跳触点	
低后备	任选故障	根据控制字要求跳开关	保护动作、开关跳闸、联跳触点	

注 1. 全部检验时，调整保护及控制直流电压为额定电压的 80%，带断路器实际传动，检查保护和断路器动作正确。对没有满足运行和检验要求的直流试验电源的变电站或保护小室，可仅检查 80% 额定电压下逆变电源的负载能力。

2. 后备保护检验时，注意检查主变压器闭锁调压、启动风冷的触点。

3. 后备保护检验时，注意检查保护跳各侧母联开关的触点。

4. 监测主变压器启动失灵触点动作情况是否带延时特性（返回时间不大于 50ms）。

5. 第一次全部检验或改变跳闸方式后需做保护控制字检查。

6. 检查开关双跳圈与保护双配置一一对应情况。

7. 核对监控系统、故障录波器、信息子站相对应保护事件正确。

8. 已检验的项目在结果列标注"√"。

装置定值打印报告

说明：变压器各侧 TA 均按星形接线，并要求各侧 TA 均按相同极性接入，都以母线侧为极性端。PCS-978 变压器差动保护，变压器各侧 TA 二次电流相位由软件调整，本装置采用 d-Y 变换进行相位校正。

PCS-978 变压器差动保护，对于 Y0 侧接地系统，装置采用 Y0 侧零序电流补偿、d 侧电流相位校正的方法实现差动保护电流平衡。详细请参考说明书附录。

下面以实际例子说明检验方法。变压器参数如表 B1 所示。

表 B1   变压器参数计算

项目	高压侧（Ⅰ侧）	中压侧（Ⅱ侧）	低压侧（Ⅲ侧）
变压器全容量 S_e	180MVA		
电压等级 U_e	220kV	115kV	10.5kV
接线方式	Y0	Y0	d11
各侧 TA 变比 n_{TA}	1200A/5A	1250A/5A	3000A/5A
变压器一次额定电流 I_{1e}	472A	904A	9897A
变压器二次额定电流 I_{2e}①	1.96A	3.61A	16.5A
各侧平衡系数 k②	4.000	2.177	0.476

定值输入：

（1）系统参数。

1）变压器容量整数部分：180MVA。

2）变压器容量小数部分：0MVA。

3）TA 二次额定电流：5A。

4）Ⅰ侧一次电压：220kV。

5）Ⅱ侧一次电压：115kV。

6）Ⅲ侧一次电压：10.5kV。

7）Ⅳ侧一次电压：0kV。

8）变压器接线方式：2。

（2）主保护定值。

1）Ⅰ侧 TA1 一次：1200A。

2）Ⅱ侧 TA2 一次：1250A。

3）Ⅲ侧 TA3 一次：3000A。

表中①、②所指的内容计算出后可与装置中"保护状态"中的"差动计算定值"项进行核对，应一致。以下检验以此为基础。

②所指的内容为装置自动计算得到。

所用公式：$I_{1e} = \dfrac{S_e}{\sqrt{3}U_e}$，$I_{2e} = I_{1e}/n_{TA}$。

根据装置的调平衡方法，对此变压器检验应如下接线。

1. 如果测试仪可以提供 6 个电流

利用Ⅰ、Ⅱ侧做检验，Ⅰ、Ⅱ侧三相以正极性接入，Ⅰ、Ⅱ对应相的电流相角为 180°，各在Ⅰ、Ⅱ加入电流 I_*（标幺值，I_* 倍额定电流，其基值为对应侧的额定电流。标幺值的定义可参考有关技术书籍），装置应无差流。

例如 I_* 取 1，实际应在Ⅰ侧加入 1×1.96（Ⅰ侧的额定电流）=1.96（A）三相电流，在Ⅱ侧加入 1×3.61（Ⅱ侧的额定电流）=3.61（A）三相电流，装置无差流。

再如 I_* 取 0.5，实际应在Ⅰ侧加入 0.5×1.96（Ⅰ侧的额定电流）=0.98（A）三相电流，应在Ⅱ侧加入 0.5×3.61（Ⅱ侧的额定电流）=1.805（A）三相电流，装置无差流。

利用Ⅰ、Ⅲ侧做检验，Ⅰ、Ⅲ侧三相以正极性接入，Ⅰ的电流应超前Ⅲ侧的对应相电流 150°（因为是 Y0/Y0/d11 变压器），各在Ⅰ、Ⅲ加入电流 I_*，装置应无差流。

例如 I_* 取 1，实际应在Ⅰ侧加入 1×1.96（Ⅰ侧的额定电流）=1.96（A）三相电流，在Ⅲ侧加入 1×16.5（Ⅲ侧的额定电流）=16.5（A）三相电流，装置无差流。

再如 I_* 取 0.5，实际应在Ⅰ侧加入 0.5×1.96（Ⅰ侧的额定电流）=0.98（A）三相电流，应在Ⅲ侧加入 0.5×16.5（Ⅲ侧的额定电流）=8.25（A）三相电流，装置无差流。

2. 如果测试仪仅可以提供 3 个电流

由于测试仪仅可以提供 3 个电流，每侧只可以加入单相或两相电流进行检验。

利用Ⅰ、Ⅱ侧（Y0 侧）做检验，在任意一侧 A 相加入电流 I_*，根据装置的调相位方法

$$\left.\begin{aligned} \dot{I}'_A &= (\dot{I}_A - \dot{I}_0) \\ \dot{I}'_B &= (\dot{I}_B - \dot{I}_0) \\ \dot{I}'_C &= (\dot{I}_C - \dot{I}_0) \end{aligned}\right\} \tag{B1}$$

因为

$$|3\dot{I}'_0| = |\dot{I}_A + \dot{I}_B + \dot{I}_C| = I_* \tag{B2}$$

所以

$$\left.\begin{aligned} |\dot{I}'_A| &= \frac{2}{3} I_* \\ |\dot{I}'_B| &= \frac{1}{3} I_* \\ |\dot{I}'_C| &= \frac{1}{3} I_* \end{aligned}\right\} \tag{B3}$$

即 B、C 两相都会受到影响。为了避免此影响，以使检验更容易进行，Ⅰ、Ⅱ侧采用的接线方式为，电流从 A 相极性端进入，流出后进入 B 相非极性端，由 B 相极性端流回试验装置。这样

$$|3\dot{I}'_0| = |\dot{I}_A + \dot{I}_B + \dot{I}_C| = |I_* + (-I_*) + 0| = 0 \tag{B4}$$

所以

$$\left.\begin{aligned} |\dot{I}'_A| &= I_* \\ |\dot{I}'_B| &= -I_* \\ |\dot{I}'_C| &= 0 \end{aligned}\right\} \tag{B5}$$

Ⅰ、Ⅱ侧加入的电流相相角为 180°，大小为 I_*，装置应无差流。

例如 I_* 取 1，实际应在Ⅰ侧加入 1×1.96（Ⅰ侧的额定电流）=1.96（A）电流，在Ⅱ侧加入 1×3.61（Ⅱ侧的额定电流）=3.61（A）电流，装置无差流。

再如 I_* 取 0.5，实际应在Ⅰ侧加入 0.5×1.96（Ⅰ侧的额定电流）=0.98（A）电流，应在Ⅱ侧加入 0.5×3.61（Ⅱ侧的额定电流）=1.805（A）电流，装置无差流。

在Ⅰ、Ⅲ侧检验，采用的接线方式：Ⅰ侧电流从 A 相极性端进入，流出后进入 B 相非极性端，由 B 相极性端流回试验仪器，Ⅲ侧电流从 A 相极性端

进入，由 A 相非极性端流回试验仪器。这样 Ⅰ 侧

$$\left.\begin{array}{l} |\dot{I}_A'|=I_* \\ |\dot{I}_B'|=-I_* \\ |\dot{I}_C'|=0 \end{array}\right\} \tag{B6}$$

Ⅲ 侧有

$$\left.\begin{array}{l} |\dot{I}_A'|=|(\dot{I}_A-\dot{I}_C)|/\sqrt{3}=I_*/\sqrt{3} \\ |\dot{I}_B'|=|(\dot{I}_B-\dot{I}_A)|/\sqrt{3}=-I_*/\sqrt{3} \\ |\dot{I}_C'|=|(\dot{I}_C-\dot{I}_B)|/\sqrt{3}=0 \end{array}\right\} \tag{B7}$$

Ⅰ、Ⅲ 侧加入的电流相相角为 $180°$，Ⅰ 侧大小为 I_*，Ⅲ 侧大小为 $\sqrt{3}I_*$，装置应无差流。

例如 I_* 取 1，实际应在 Ⅰ 侧加入 1×1.96（Ⅰ 侧的额定电流）$=1.96$（A）电流，在 Ⅲ 侧加入 $\sqrt{3}\times1\times16.5$（Ⅲ 侧的额定电流）$=28.579$（A）电流，装置无差流。

再如 I_* 取 0.5，实际应在 Ⅰ 侧加入 0.5×1.96（Ⅰ 侧的额定电流）$=0.98$（A）电流，应在 Ⅲ 侧加入 $\sqrt{3}\times0.5\times16.5$（Ⅲ 侧的额定电流）$=14.289$（A）电流，装置无差流。

假设差动启动电流定值为 0.3（标幺值，见说明书定值部分），比率制动系数为 0.5。实验在两侧进行，称为电流 I_1、I_2，为标幺值，且 $I_1>I_2$，转换为实际电流的方法、接入方法请参考上面的说明。根据说明书可以知道在此假设下比例差动的动作方程为

$$\left.\begin{array}{ll} I_d>0.2I_r+0.3 & I_r\leqslant0.5 \\ I_d>0.5I_r+0.15 & 0.5\leqslant I_r\leqslant6 \\ I_d>0.75I_r-1.35 & I_r>6 \\ I_r=\dfrac{1}{2}(I_1+I_2) & \\ I_d=I_1-I_2 & \end{array}\right. \tag{B8}$$

将 I_1、I_2 代入，上式转化为

$$\left.\begin{array}{lll} I_1>1.222\times I_2+0.333 & I_1+I_2<1 & I_1>I_2 & \text{(B9)} \\ I_1>1.6667\times I_2+0.2 & 1<I_1+I_2<12 & I_1>I_2 & \text{(B10)} \\ I_1>2.2\times I_2-2.16 & I_1+I_2>12 & I_1>I_2 & \text{(B11)} \end{array}\right.$$

检验时，根据所要校验的曲线段选择式（B9）、式（B10）、式（B11），首先给定 I_2，由此计算出 I_1，再验算 I_1、I_2 的关系是否满足约束条件［如式（B9）的 $I_1+I_2<1$，$I_1>I_2$］，如满足，I_1、I_2 为一组和理解，将其转化为有名值之后，即可进行检验。

附录 C

PCS-915-G 母差保护保安措施票
（一个半接线版）

PCS-915-G（一个半接线）保安措施票见表 C1。

表 C1 　　　　　　　　PCS-915-G（一个半接线）保安措施票

站名			回路名		
保护型号			校验日期		
序号	回路名称	安全措施		操作人	恢复人
1	出口压板	打开屏前 1C1LP1 至 1C9LP2 所有出口压板；屏后 1C1D4、1C1D5、1C2D4 等为出口回路，严禁误碰，注意隔离；投入检修压板			
2	失灵回路	1QD21，1QD22，…，1QD29 为启动失灵开入，注意隔离，严禁误碰			
3	电流回路	（1）1I1 为线路 1 电流试验端子。（2）1I2 为线路 2 电流试验端子。打开各电流试验端子前要注意，运行线路必须先短后开，防止流变二次开路			
4	电压回路	无			
5	带电部分	ZD1、ZD2 常带正电；ZD5、ZD6 常带负电；JD1、JD2 常带交流 220			
6	其他	母差保护校验完成后，必须进行复归，清除各动作信号，并且各出口压板上无正电方能结束工作			